虫から死亡推定時刻はわかるのか？

法昆虫学の話

三枝 聖［著］

築地書館

おことわり

私は、死者の身体について、「遺体」あるいは「御遺体」という言葉はつかわない。しかし、決して死者の尊厳を傷つけたり、死者を冒瀆する意図はない。死者に対して畏敬の念をもって接する精神性を尊重しつつも、生命活動を終えた死者の身体が土に還るまでの過程は、他生物と変わりなく、人間だけが特別ではないと考えているからである。また、生物学において、生物の和名称はカタカナで表記する慣例があるので、死者の身体を「ヒト死体」あるいは「死体」と表現することをご了承いただきたい。

なお、各昆虫種の和名および学名は九州大学大学院農学研究院昆虫学教室が管理されている日本産昆虫学名和名辞書（ＤＪＩ）（http://konchudb.agr.agr.kyushu-u.ac.jp/dji/index-j.html）の記載にしたがった。

目次

虫から死亡推定時刻はわかるのか？　法昆虫学の話

第1章　法昆虫学って何？　7

第2章　法昆虫学者という仕事　49

第1章　法昆虫学って何？

日常と非日常の境の扉を開く……ある日の法昆虫学者

東北の岩手でも桜はとうに散り、衣替えを意識する季節のとある月曜日、そろそろ午前一〇時になろうかというころ、机上の内線が鳴る。受話器の向こうの相手の用件を聞きながら、私は本日の予定を確認する。担当している講義はない。出席予定の会議も夕方だ。「大丈夫です」と、一言告げて受話器を置くと、法医解剖室へと向かう。死体の第一発見者の証言に耳を傾けるために……。

私は法医解剖を執刀する医師（鑑定人）でも、警察官でもない。したがって、私が法医解剖の連絡を受け、立ち会いを認められるのは、特定の事例に限られる。更衣室で着替え、白い長靴を履き、法医解剖室の扉の前に立つ。すると、入室前から嗅覚が刺激される。この扉は日常と非日常の境界にあたる。扉の向こうの非日常空間には、不幸な最期を遂げた方が静かに横たえられているという「現実」が存在する。私のように、感覚が鈍くなった人間であっても、この扉を開ける前には常に気持ちの切り替えをする。

法医解剖室で私が面会するのは、誰にも看取られず、いつ亡くなられたのかわからない死体、あるいは腐敗が進行し、誰だか判別できなくなってしまった死体、という例がほとんどである。病院で死亡診断をする機会があり、死体をみる経験を重ねた医師・歯科医師であっても、近寄り、直視することをためらうような死体ばかりであり、相応の「覚悟」がいるのである。

入室時点から、全身に臭気を浴びるような感覚である。解剖室では感染防除のためにバイザーつきのマスクをするが、悪臭を緩和する気休めにもならない。活性炭フィルターつきのマスクがあることも知っているが、こちらの脱臭効果も五十歩百歩……というか「五十歩」の違いもない！　スメハラ（スメル・ハラスメント）という和製英語があるが、直訳すると「臭いによる嫌がらせ」だろうか（「和製英語を和訳する」という行為には違和感があるが）。法医解剖室で浴びる、死体の腐敗により生じた臭気は、「嫌がらせ」が生やさしいと思えるくらいの圧倒的・暴力的なものである。

圧倒的な臭気に曝露《ばくろ》されると気が滅入るが、死体のおかれた環境によって腐敗分解過程が異なり、死体から発せられる臭気に違いが生じるため、入室時の臭いで死体発見現場の環境がおおよそ推測できる。例をあげると、大気中で腐敗した死体、淡水に沈んでいた死体、海水に沈んでいた死体の腐敗臭はそれぞれ違うので、事前情報がなくても、どのような環境（場所）で発見された死体なのか、言い当てることができる。おそらく死体検案や法医解剖に携わる方々のなかに、私と同じ感想をもつ人もおられるのではないかと思う。ヒト死体がおかれた環境による臭気の違いを具体的に（例えば、「硫化水素は『腐った卵のような臭い』がする」と、いうように）表現することは難しいが、嗅覚の情報も重要な所見ではある。また、耐え難い腐敗臭に曝露されていると、その状態に数分で慣れて嗅覚が鈍化することにより、不快感は大幅に軽減する。ヒトの身体はよくできていると感心する。

法医解剖室の扉を開け、「おはようございます。よろしくお願いします」と、死体を搬入し解剖の準備をしている警察官に挨拶をすると、続いて得られるのは視覚の情報である。猛烈な臭気の澱《よど》みの底で、その発生源である死体は、とても静かで穏やかである。私は短い黙禱の後、右手にピンセット、左手に熱湯の入った紙コップを持つと、解剖台に近づき、死体を観察する。そこに死体の静寂とは対照的な生命活動を目の当たりにする。その生物こそが私の対話の相手であり、多くの場合、その「生物」とはクロバエ科あるいはニクバ

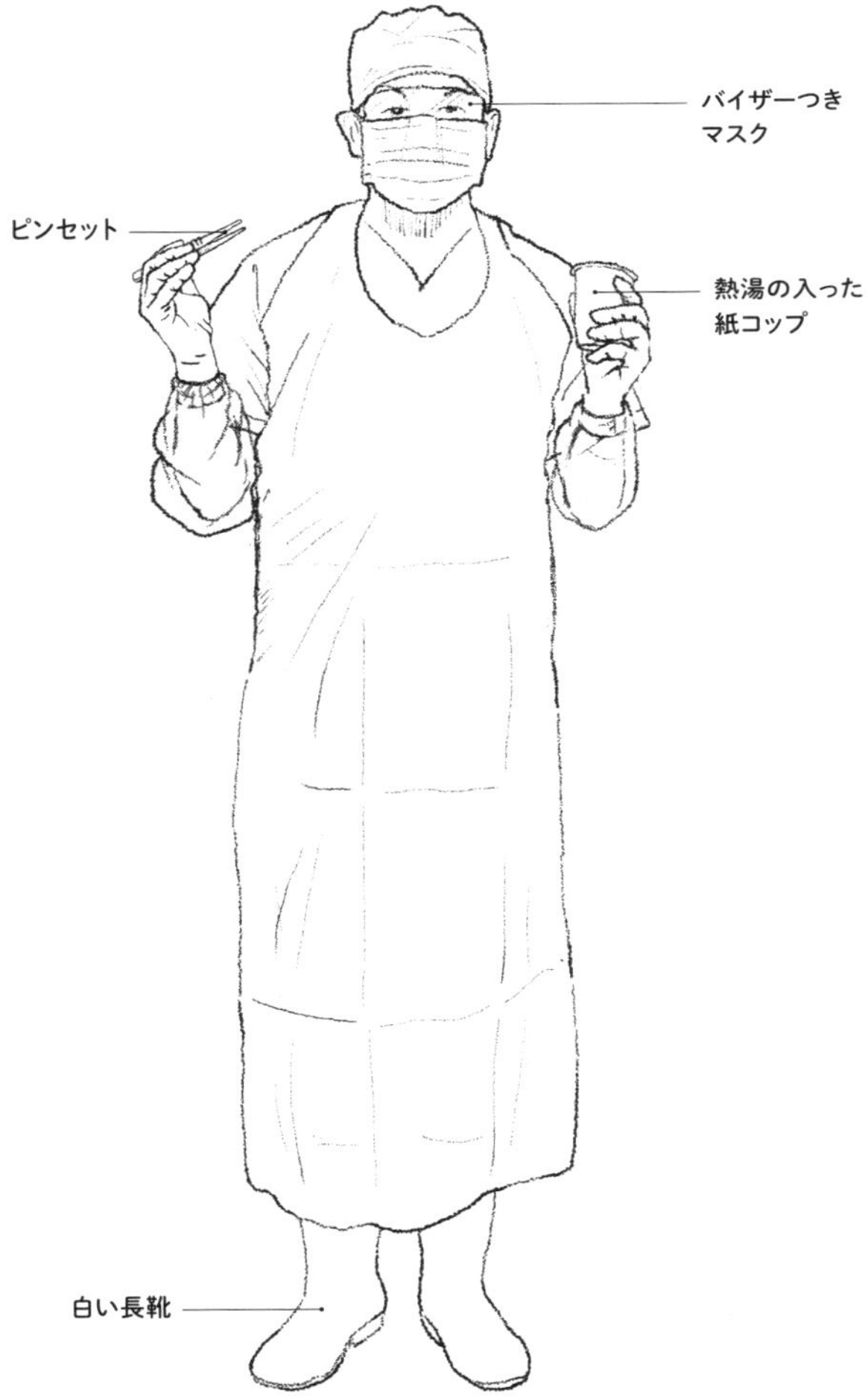
バイザーつき
マスク
ピンセット
熱湯の入った
紙コップ
白い長靴

エ科の幼虫、つまり蛆（ウジ）である。
さて、法医解剖開始までにはまだ少し時間があるようだが、私は一足先に「仕事」を始めることにする。

「あれ？　おかしいなぁ。いやぁ？　昨日、現場や（警察）署での検視のときには、ものすごくたくさんいたんですけどねぇ」と、死体発見現場に臨場した警察官が、とまどいを帯びた言葉をかけてくれる。「せっかく来ていただいたのに、申し訳ない」という、釣果の芳しくなかった観光漁船の船長のような心境だろうか？　しかし、私の方が「わざわざ連絡をいただいた」のであり、彼らが私に対して負い目を感じる必要はまったくないのである。気遣いに感謝しつつも、何か奇妙な状況である。表情を悟られないのをいいことに、マスクの下で声を立てずに苦笑いする。

しかも、じつは、「ウジがいなくなった」という心配は無用なのである。ウジは光を避ける性質（「負の走光性」あるいは「負の光走性」という）があるので、蛍光灯の光が届かない死体下面へ移動したか、あるいは死体内部に潜行して隠れており、表面上見えないだけである。仰向けに横たえられた死体に触れないように気をつけて、解剖台と視線が平行になるように姿勢を低くする。死体と解剖台が接する境界部に最大一五ミリ超とみられるウジを確認すると、ピンセットで採集し、熱湯に入れていく。

あなたのお仕事は？……法昆虫学とは何か

一般社会で「お仕事は何をなさっているのですか」と尋ねられたときには、所属する組織の名称と役職を回答する。私の場合ならば、「岩手医科大学教養教育センター生物学科講師です」と答えるし、名刺にもそう記してある。簡単にいうと、「岩手医大の生物の先生」である。しかし、研究者のあいだでは、「仕事」という言葉は多くの場合、研究分野を意味し、研究対象（材料）や研究課題を紹介する。私の「仕事」は「法昆虫学」となる。

ここで、次なる問題が生じる。

法昆虫学は（特に日本においては）超隙間分野で認知度が低いため、「ホーコンチューガク？」と聞き返されること必至である。あぁ、やっぱり……その表情に明らかな〝困惑〟が見てとれる。それを見かねた周囲の方が「この人は虫を……」と、私にかわり紹介してくださるのだが、「あぁ、昆虫ですか。では、チョウとかカブトムシ、クワガタとかが好きで、そういった昆虫を研究なさっているのですね」と、〝困惑〟から〝誤解〟へと移行する。誤解したままの方が互いにとって幸せな気もするのだが、なかなか会話がかみ合わない。

私は意を決し、「いえ、私は腐乱死体に群がっているウジなどを研究対象として……」と話すと、〝憐憫〟あるいは〝恐怖〟をともなった〝困惑〟へと変貌を遂げたことが表情から読みとれる。

無理もない。

そもそも、昆虫が苦手（嫌い）という方も多いなか、ウジという「キモチワルイいきもの」と、腐乱死体という「見たくないもの」の組み合わせである。言葉を失い、無意識のうちに数歩後退したのだろうか。物理的距離も心理的距離も遠のいたようである。この「微妙な雰囲気」は想定の範囲内だ。私は徐々に気配を消し、その場から離脱《フェードアウト》する。

法昆虫学は forensic entomology という英語の日本語訳で、「昆虫を証拠の一つとして、日常生活で起こりうる昆虫が関与する諸問題について調査し、解決する分野。あるいは調査・捜査に利用するために、昆虫について研究する分野」というのが、適当だろうか。

欧米で出版されている法昆虫学についての書籍はあるが、法昆虫学の定義はあいまいで、その適用は多岐にわたる。

「日常生活で起こりうる昆虫が関与する諸問題」とは、衣食住の害虫あるいは衛生害虫・不快害虫による被害などである。例えば、飲食店で提供された料理や加工食品中に昆虫（の一部）が混入していた場合、調理（製造）過程で混入したものか、あるいは後から故意に混入されたものかの鑑別などである。そのほかにもシロアリによる木造建築の食害であるとか、産業動物（肉牛、乳牛、養豚、養鶏など）・愛玩動物（ペット）の衛生管理（飼料の保管や排泄物などの適切な処理）の問題であるとか、感染症の原因となる細菌やウイルスの媒介者となる昆虫についての調査も含むとされる。

日本では訳語として「法医昆虫学」をあてることもある（むしろこちらの方が有名かもしれない）が、その理由として、捜査機関（警察）と関連が深い分野であることがあげられる。

具体的には、「ヒト死体を蚕食《さんしょく》している昆虫を証拠として分析し、死後経過時間を推定する」ことが法昆虫学の主要な目的の一つだからである（超隙間分野の主要目的って、どの程度のものなのかという疑問はとりあえず黙殺する）。私の主たる〝仕事〟も、これである。

日本の法昆虫学の事例ではないが、ニュージーランドで、大量に押収されたマリファナ（大麻）が「国産」か「密輸されたもの」かを明らかにするために、マリファナについていた節足動物（昆虫やダニ）を分析し、その地理的分布と照合した結果、産地がタイ北西部である（つまり、「密輸されたもの」である）ことを割り出したという報告がある。また、アメリカで自動車に付着していた昆虫学的証拠の分析から、自動車の走行経路を推定し、被疑者の証言を覆したという報告もある。

このように捜査機関による利用にのみ注目しても、必ずしも法医学分野に限られていない（死体に関連することのみではない）ことから、私は「法昆虫学」という訳語の方が適切であると考えている。今のところの結論としては、「法昆虫学者を標榜《ひょうぼう》する人間が研究している分野であり、他者からみると何をしているのかよくわからない３Ｋ（くさい・きらい・きもちわるい）分野」というのが、もっとも適切に法昆虫学を表現しているといえるのかもしれない。

ウジとのイタチごっこ……法医解剖室での法昆虫学者

……話を法医解剖室にもどそう。

事前ミーティングを終えた法医解剖を執刀する医師（鑑定人）が入室したことを、立会い警察官の「よろしくお願いします」という挨拶で認知した私は、死体から解剖室入口に視線を移し、執刀医に黙礼する。執刀医はグローブ（手袋）を装着して解剖台に近寄り、「始めます」と解剖開始を宣言する。宣言と同時に解剖室内にいる全員で短い黙禱《もくとう》を捧げ、記録係が時計で時刻を確認すると、法医解剖が始まる。

まずは概観の記録である。

執刀医は死体の右側、胸腹部付近に位置どり、性別、身長・体重、（直腸温、死後硬直、死斑の色と発現状態）などの所見を口述し、記録係がコンピューター上の電子ファイルに入力していく。私の関わる事例では、死後変化の進行により、（　）内に示した、いわゆる早期死体現象はすでに所見がとれない場合が多いので、「不明」などの表現となる。

その後、執刀医は解剖台の周囲を適宜移動しながら、頭部、頸部、胸部、腹部、外陰部、上下肢、背面、といった各部の外表所見を詳細に口述していき、記録係が電子ファイルに入力する。

私は執刀医のじゃまにならないように気をつけながら、死体についている昆虫学的証拠（生きている昆虫や昆虫の死骸あるいはその一部）を探し、採集する。その際、可能な限り、昆虫種別、サイズ別、成長段階別に容器を分けて採集するようにする。


外表所見を取り終えたのち、執刀医は最初の立ち位置にもどり、メスで皮膚を切開する。皮膚の切開方法は死体の状態により多少異なるが、胸部から下腹部まで正中《せいちゅう》（身体の左右を線対称となるように等分する中心線）で切開する。ここから心臓および腹部の諸臓器を剖出《ほうしゅつ》（太い血管などを切断し、身体から摘出）するまでは、損傷などが見られない限り、執刀医による所見の口述も、私の昆虫学的証拠の採集も一時中断である。

私はいったん解剖台から離れ、熱湯殺虫したウジのなかから、最大長のものを選定し、スケール（定規）で体長を計測する。紙コップ内の水温はすでに下がっているので、解剖室のシンクに捨て、熱湯を入れ替える。

執刀医が、諸臓器の所見をとるため、隣接する切出台へと移動したのを確認すると、私は再度解剖台に近寄り、臓器が剖出された後の内腔に、ここまでで採集していない昆虫が見られないか観察する。並行して、解剖台から逃走し床を這《は》うウジを見逃さないよう、視線を足元に落とす。他者のじゃまにならないように俯瞰《ふかん》しながら、積極的に解剖台のまわりを移動し、ウジを発見しては〝連行〟し、解剖台上に用意したステンレス製トレー内の熱湯で殺虫する。しかし、そのあいだにもまた別のウジが解剖台上から逃走している。ウジとのイタチごっこ（ややこしい）であるが、これを怠《おこた》ると、後日私に、解剖室内を飛びまわるハエを捕るという、望まない追加の任務《タスク》が生じる。

しばらくウジとイタチごっこをしているうちに、電動鋸《のこぎり》でヘルメットのような形状に切断された頭蓋骨が外され、脳を剖出すると、頭蓋腔が露《あら》わになる。しかし、ここにも新たな種類の昆虫はいないようだ。残る舌、食道、気管、肺が一塊として取り出されると、解剖も終盤である。死体についている昆虫の種類もほぼ出つくしたようだ。そろそろ、執刀医と検視官に私の「推定」を伝えるころあいだ。

採集した昆虫を再確認する。採集された昆虫種数、もっとも成長した昆虫の成長段階、最大のウジの体長などを頭のなかで整理し、現在の状況を合理的に説明する仮説を構築する。

「ウジは少なくとも三種います。現時点で正確な種《しゅ》は同定できないものもありますが、いずれも暖かい季節に活動するハエのウジとみてよいでしょう。(死体発見) 現場にはハエの成虫も飛んでいないし、蛹も見当たらなかったとのことですね。そうすると、この一六ミリのウジの母親が一番にこの死体に卵を産んだと考えられます。卵が孵化してウジが一六ミリに成長するまでには、今時期の気温でも、五日もあれば充分だと思います」

マスクのために声がくぐもり、聞きとりにくいだろうと、気持ちテンポを抑えて話す。二人の反応から、どうやら「今回は」昆虫の証言を適切に聴くことができたようだと少し安堵する。捜査情報から、死者の最終生存確認は六日前の夜とのことである。死者はおそらく最終生存確認後から翌朝までのあいだに亡くなり、その後、日中 (五日前) にハエが死体を見つけ、産卵したものと結論づけた。通常は、解剖室で執刀医や検視官に伝えるおよその推定と、死体所見や捜査情報に矛盾がなければ、これで法昆虫学者としての「仕事」はいったん終了であるが、そこで疑問が残る場合や事実誤認があった場合などは、後日それが判明した時点で執刀医や検視官に伝えることにしている。

執刀医が「終わります」と宣言した時刻を時計で確認し、全員で短い黙禱を捧げ、解剖終了である。解剖所見から推定される死因、死後経過時間などについての見解を、口頭で検視官に中間報告をする事後ミーティングの準備のために、執刀医は一足先に解剖室を後にする。私は解剖室の清掃を手伝いつつ、床や解剖台に残る脱走ウジの掃討作戦を継続する。……が、しかし、二週間ほどたったころ、警察官と私の目をかいくぐった生存者《サバイバー》が、翅《はね》を獲得し、解剖室内を舞っているではないか！　彼らの姿に私の硝子《ガラス》の自尊心は傷つけられる。いや、捜査のプロである警察官と法昆虫学者の包囲網を突破した彼らが、「逃亡者」として一枚上手だったということだろう。「天網恢恢疎《てんもうかいかいそ》にして漏らさず」だ（ハエは悪いことはしていないのだけれど）。私は気を取り直し、再戦《リベンジ》とばかり解剖室に備えつけの捕虫網を操る……。

死体の第一発見者……昆虫たちの証言を聴く

さて、「今回は」死体を食べている昆虫の声なき証言を読み解き、推定した死後経過時間と警察の捜査情報および死体所見から推定された死後経過時間のあいだに矛盾は生じず、むしろ、捜査情報を補完し支持することになった。昆虫は嘘をつかない。しかし、「まぎらわしい」あるいは「あいまいな」証言を私が聴き誤ることもある。法昆虫学者のおもな役割は「昆虫学的証拠より死後経過時間を推定する」ことであるが、厳密には、「ハエが『いつ』死体に産卵したのか」あるいは「死体が『いつ』から、『そこ』（死体発見現場）にあったのか」を推定している。

殺人・死体遺棄事件において、殺害現場と遺棄現場が異なる例や、河川や海で流されてしまったような場合、入水したと思われる場所から死体発見現場まで、一〇キロメートル以上離れている例はまれではない。いずれの場合も、死亡したと考えられる場所と死体発見現場が異なるので、死体の移動に要した時間を考慮しなくてはならない。つまり、「死体発見現場にてハエが産卵してから経過した時間」を「死後経過時間」と同じとみなすことはできない。特に死体が水中にある場合、浮揚し（少なくとも）身体の一部が常に水面から出ている状態、あるいは死体が岸にうちあげられるなど、大幅な移動が制限される状態にならないと、ハエは死体に産卵しない。また、屋内で死亡し、飛来したハエが死体に容易には到達できないという例も多々ある。むしろ、死亡直後に抱卵した雌のハエが飛来し、死体に産卵したと思われる例の方が少ないかもしれない。

つまり、ハエが産卵する以前の期間の推定には、死体発見現場の状況（環境）や最終生存確認（死者が生前最後に目撃されたのはいつなのか）に関する情報が必要であり、法昆虫学的手法を用いた死後経過時間の推定には限界があることをご理解いただけると思う。また、一番最初に死体に飛来した成虫個体、あるいは卵塊や死体を食べているウジではなく、卵を最初に死体に産みつけた母親（抱卵雌成虫）を死体の第一発見者とみなしている。つまり、死体を食べているウジは、「第一発見者の仔」ということである。

虫から死亡推定時刻はわかるのか？

さて、本書のタイトルである「虫から死亡推定時刻はわかるのか？」という問いへの答えであるが、結論から言えば、「死亡推定時刻」はわからない。

死亡推定時刻という言葉は、「死亡したと推定される時刻」を意味するものと思われるが、報道やフィクションの用語なのだろうか？　少なくとも私には、耳なじみのない言葉である。最近は報道でもあまり使われなくなり、小説やドラマなどのフィクションに限られているのではないだろうか。フィクションにおける「死亡推定時刻」は「○月×日午後□時ごろ」というようにきわめて推定幅が狭いが、このような精度で死後経過時間の推定が可能な場合は、捜査情報、死体所見など、多くの情報が揃《そろ》っている新鮮な死体である場合に限られる。もちろん、死体の「第一発見者」は昆虫ではないだろう。

法昆虫学が有用である事例は、執刀医あるいは検案医（死体の外表検査によって死因などを判断する医師）が、死後経過時間を推定するために有用な死体所見を得ることが難しく、最終生存確認も曖昧《あいまい》で、かつ、昆虫が入植している状況である。いわば、死後経過時間に関して、医師が匙《さじ》を投げ、警察も確たる情報が得られない場合に、法昆虫学者に出番がまわってくるのである。そもそも、「昆虫がいつ（死体に）入植したのか？」という、法昆虫学的に死後経過時間を推定する「起点」となるもっとも重要な出来事《イベント》は、死体発見現場の環境・天候などの情報から推測する以外に方法がない。換言《かんげん》するなら、法昆虫学による死後経過時間の推定は、間接的な方法であり、法昆虫学単独で数時間未満という幅の精度の「死亡推定時刻」を割り出すことは、不可能である。

成傷器（凶器）を特定したハエ……一三世紀の科学捜査にみられる法昆虫学

昆虫と人類との関わりは長く深い。

古代エジプトにおけるフンコロガシ（太陽神）や古代イスラエルにおけるハエ（ベルゼブブ、蠅の王）など、神や悪魔そのもの、あるいは神や悪魔の化身として、信仰や畏怖の対象であった。

また、ヒトの病原菌やウイルスの媒介者、あるいは産業の害虫として、駆除・防除で対抗してきた。

一方で、養蚕（シルク）・養蜂（ハチミツ）など昆虫を利用した産業がある。釣具店では、ウジが「サシ」という名称で釣餌として販売されている。また、日本のイナゴ、ハチノコ（クロスズメバチの幼虫）、カイコガの蛹の佃煮のみならず、世界各国に昆虫食の文化がみられる。

夏の夜のホタルの光や秋の夜に昆虫の奏《かな》でる音色《ねいろ》を愛《め》でる人、チョウ、カブトムシ、クワガタムシなどの採集や、飼育・繁殖を趣味にしている人もいる。

南宋時代の中国にて宋慈《そうじ》の著した『洗冤集録《せんえんしゅうろく》』（一二四七年）は世界最古の法医学書とされる。宋慈は司法官僚であり、『洗冤集録』は事例をまじえた捜査・検視マニュアルというような内容である。なかには法昆虫学的な記述もみられる。その概要は次のようなものである。

盛夏に鎌によるものと思しき十数箇所の鋭器損傷がみられる死体が屋外で発見され

た。金品は盗まれておらず、強盗目的ではないことが示唆された。検視官は付近の住民に対し、各家で所持している鎌をすべて持参し、見せるように命じた。まもなく、鎌が七〇~八〇丁集まったので、地面に並べさせた。すると、一本の鎌に蒼蠅《あおばえ》［著者注：蒼蠅を英訳するとblue bottle flyといい、大型から中型のクロバエの一般的な名称をあらわす。しかし、この例の「盛夏」という季節、および「蒼」は青緑色をあらわすことから、「キンバエ」あるいは「オビキンバエ」の仲間ではないかと思われる］が群がった。検視官はハエの群がる鎌が誰のものか尋《たず》ね、名乗り出た男性から事情聴取をした。なかなか罪を認めない男性に、検視官はハエの群がる鎌を指さし、よく見るように命じ、次のように言った。「おまえの鎌にのみハエが群がっているのは、殺人に使用してついた血液のなまぐささが残っているためだ。いつまで隠し通せると思っているのか」。周囲の者は言葉を失って感服し、男性も罪を認めた。

つまり、「ハエの性質を利用した成傷器（凶器）の特定方法」である。現在、我々が知る捜査手法と比較すると、妥当性への疑問や問題点を指摘できるものの、「荒唐無稽《こうとうむけい》で、あり得ない」と一笑に付すことはできない。むしろ、日本の鎌倉時代にあたる一三世紀中ごろに、ハエの性質を理解し、捜査に利用する方法を紹介していることに感心してしまう。

九相図《くそうず》はヒト死体の腐敗分解過程を描いた仏教絵画である。死体の腐敗分解過程を九段階に分類し、昆虫を含むほかの生物による死体の損壊も描かれている。九相図は奈良時代に伝来した経典の内容に即したもので、鎌倉時代から江戸時代までに作製されたとされる。私は、岩手県立博物館の企画展示で、江戸時代後期に盛岡藩の絵師・田口森蔭《もりかげ》によって描かれたとされている盛岡市永泉寺が所蔵している九相図の掛軸を見たことがある。そのほかの資料にみられる九相図も含め、制作者が死体が朽ち果てていく様子を実際に観察しながら描いたものではないかと疑うほど、詳細に描写されている。

これらの歴史的事実から、法昆虫学は近年開拓された新しい分野ではなく、むしろ古くから知られていた分野だといえる。

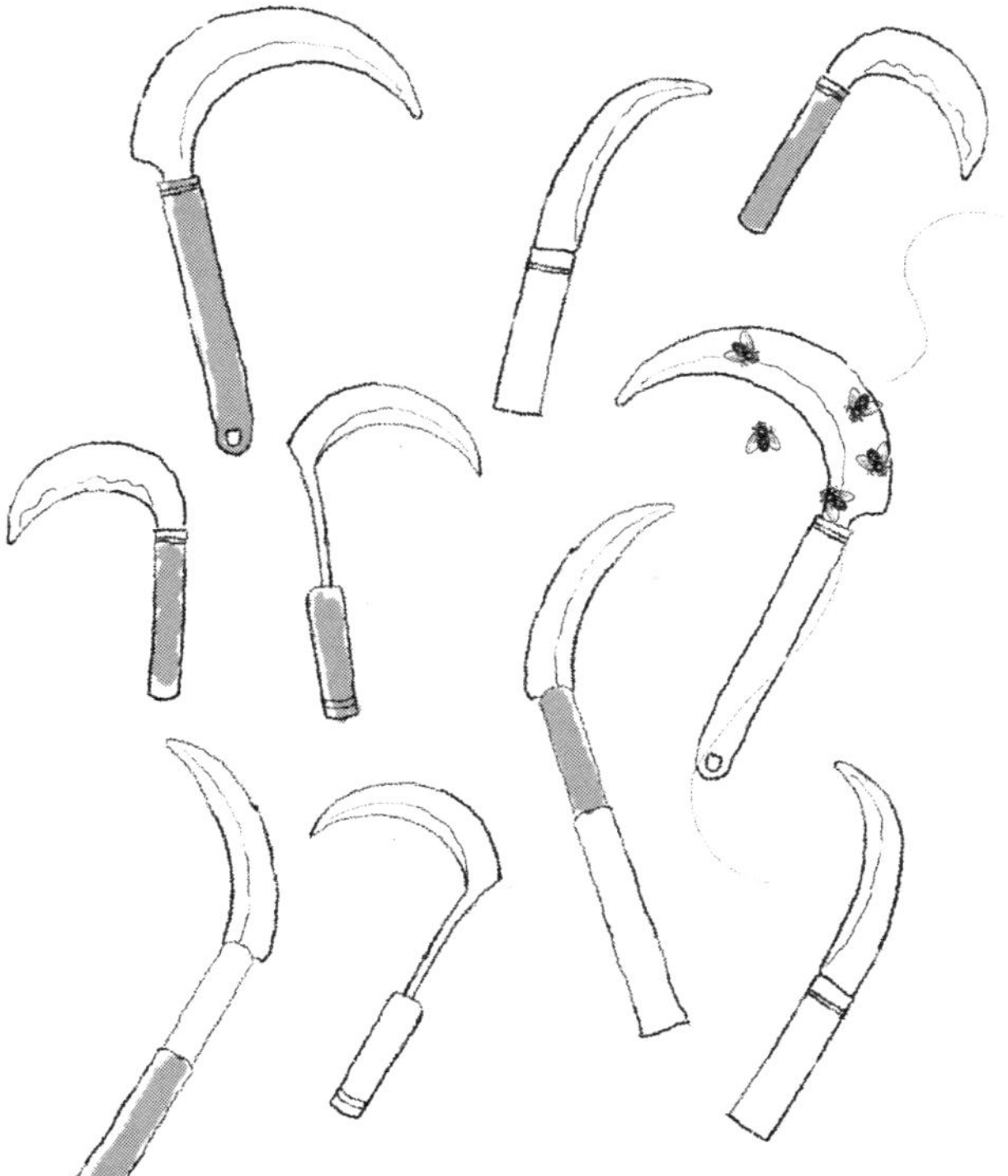

死体を食べる昆虫は捜査のじゃま者？
……日本で法昆虫学が捜査に導入されないわけ

なぜ、日本で法昆虫学が重要視されないのだろうか。

法医解剖を執刀する医師（鑑定人）は、死体所見から、死後経過時間や死因を明らかにしようとする。死後経過時間の推定は、角膜の混濁、死斑の発現と褪色、硬直、直腸温などの所見を参考にする。死因については諸臓器の状態を肉眼で観察し、その後必要に応じて組織標本を作製し、観察することになる。成傷器（いわゆる凶器）の存在が疑われる場合、その成傷器がどのようなものであるかを推定するためには、創縁・創端の性状（傷口周囲の状態）を観察することが肝要である。また、薬毒物やその代謝物は血液中や諸臓器に残留している。

いずれも骨・歯などの硬組織以外の軟部組織にみられるものであり、時間の経過にともなって所見は不明瞭になる。硬組織に死後経過時間や死因につながる情報が残存する例はまれである。

捜査機関（警察）は「亡くなった方の死に、他者の関与が有るかないか」という点、つまり、死者が殺人の被害者、あるいは第三者が起こした事故に巻きこまれた被害者の可能性がないか明らかにすることを最重要の課題としている。

死後経過時間は重要な情報であるが、「昆虫に頼るまでもない」と考えられているのではないだろうか。事実、我々は日常のなかで無意識のうちに多くの生活の痕跡を残しており、死者の最終生存確認に関するいわゆる「足どり」の情報は比較的多く得られる。したがって、死体発見現場に昆虫がいても、優先順位は低くなる。つまり、警察や執刀医にとって、事件現場そのものである死体の軟部組織を食べる昆虫は「現場」を荒らし、証拠を隠滅する厄介なじゃま者でしかないということになる。

もう一つは、捜査機関と昆虫学者のあいだの情報提供に関する問題である。

昆虫学者は昆虫種を同定する際、「いつ」「どこで」採集されたものかという情報を重要視する。しかし、警察にとって、採集日時・場所の情報は「事件」の特定につながる可能性が高い「捜査情報」であることから、これらの情報を第三者である昆虫学者に提供することに抵抗がある。

また、警察としては、昆虫種の同定が目的ではなく、その先の「その昆虫種であるならば、何がいえる（捜査に役立つ、あるいは証拠となる）のか」ということが重要であり、そこまで労力や時間をかけて昆虫を分析したところで、事件解決に直結するような情報は得られない、つまり時間対効果は望めないということであろう。

一方で、昆虫学者側の問題もある。昆虫も含め節足動物は種数が多く、分類（種の同定）は高度な専門性を必要とする特殊技能といえる。結果、種の同定ができる研究者はごく少数に限られ、特定の研究者に同定の依頼が集中してしまう。また、「この科の分類（種の同定）は自分ではなく、誰某《だれそれ》が専門です」と、標本（警察にとっては事件現場から採集された証拠）および付随する捜査情報が、昆虫学者のあいだでの「たらいまわし」により、拡散してしまうおそれもある。

種の同定はボランティア（無償）で行われることも多いので、依頼者は「急がないから」「暇なときで結構です」など、回答期限を短時間に設定しないように忖度するものだが、警察は捜査の進展のために迅速な回答を希望する。警察が昆虫学者に対し、「対価（鑑定料）を支払うので、優先的に昆虫種を同定してください（鑑定書を作成してください）」という依頼をすることも可能ではあるが、昆虫学者は「警察」「事件」「死体」という言葉を聞くと、責任の重さから協力することに尻ごみしてしまう。

互いに消極的なのだ。

また、日本では全国規模で報道されるような事件に、法昆虫学が貢献した経験あるいは実績がないことも一因であろう。報道の規模は、事件の特殊性や世間の関心の高さの指標である。科学技術や分析手法は、このような事件の解決に貢献することで脚光を浴び、社会的に認知される。……いや、私が知らないだけで、もしかすると捜査に関与しているものの、事件の解決に貢献していないために注目されていないだけなのかもしれない。

仮に重大事件の捜査に法昆虫学が用いられたとしても、法昆虫学によって被疑者（犯人）を特定したり、犯行の動機を解明したり、単独で事件解決の重要な端緒となることはない。法昆虫学はあくまで影の存在である（その〝影〟もきわめて薄いけれども……）。

法昆虫学者、海外デビュー!?
……失踪した韓国大型旅客船運航会社会長に関する法昆虫学的な分析

ちなみに、大韓民国（韓国）では、日本でも報道された事件に法昆虫学が貢献した実績がある。その事件の概要は以下の通りである。

二〇一四年四月に、韓国南西の海域で大型旅客船の転覆・沈没事故が起こった。この旅客船の運航会社会長で実質的な所有者の男性が逃亡したため、韓国警察が指名手配し、行方を追っていた。大型旅客船沈没事故からおよそ二か月後、韓国南部に位置する市内の梅農園で身元不明の腐乱死体が発見された。死体発見から四〇日後に、ＤＮＡ型鑑定によって、この身元不明死体が旅客船運行会社会長であると判明した。

そうなると問題は、この男性の死後経過時間である。手がかりは、解剖後、冷凍保存されていた死体に付着し残存していた（すでに死んでいる）ウジと、死体発見現場に残されたわずかな囲蛹殻《いようかく》（ウジの外皮が硬化したもので、内部の蛹を保護し、成虫の羽化後も残る暗赤褐色の楕円球状の構造）のみであった。ウジの死骸や囲蛹殻から核酸を抽出し、ミトコンドリアDNAの塩基配列を解析することで、ハエの種を同定することが可能ではあるが、この事例では、死体発見時（あるいは法医解剖時）の昆虫の成長段階や個体数に関する情報が乏しいので、死後経過時間の推定はきわめて難しい。

この困難な法昆虫学鑑定を行ったのは、ソウルの高麗大学校医科大学法医学教室・朴成《パクソン》桓《ファン》教授である。朴先生は死体に残存していたウジからハエの種を同定し、その中からもっとも成長していたものを第一入植種とみなして、この種の産卵日時を推定した。その後の警察の捜査で、死体発見現場付近の監視カメラ（CCTV）に被疑者と思しき人物が映っていた日時と、朴先生が推定した第一入植種の産卵日時に矛盾がないことが示されたそうである。この鑑定が韓国初の公式な法昆虫学鑑定となり、法昆虫学の有用性が認知され、巨額の研究資金が配分されたそうである。

なぜ、私が韓国の法昆虫学の事例について詳しいかというと、朴先生は日本語が堪能で、この鑑定の際に、電子メールをいただき、意見交換をしたからである（もちろんすべて日本語で）。いや、意見交換というよりは、朴先生の研究室で行った分析結果について、私見を述べたにすぎない。それでも、朴先生はこの時のことを覚えていてくださり、二〇一七年七月、高麗大学校医科大学で、「死後経過時間推定に関する国際シンポジウム」（International symposium postmortem interval estimation by multidisciplinary approaches; medicolegal, molecular and entomological views）を開催した際に、その場に私を講演者として招待してくださった。日本で開催された国際学会におけるポスター発表は経験があったものの、初の海外、かつ英語での講演という緊張もあり、自己評価としては散々な発表《デビュー》であったが、大変貴重な経験をさせていただいた。

海外の法昆虫学事情

海外の法昆虫学事情については、正直なところ私もよくわからない。法昆虫学的解析の結果はあくまで捜査情報であり、裁判（法廷）での議論が報道された場合や、ドキュメンタリー番組などで紹介された場合のみ情報を得ることが可能であるが、概要のみなど限定的な情報であり、具体的な分析手法や結果の詳細は不明である。また、このような情報のほぼすべてがアメリカにおける事例である。

フィクションの世界でも法昆虫学の一端が紹介されており、ラスベガスが舞台の海外ドラマ「ＣＳＩ：科学捜査班」は日本でも放送されていたので、ご存じの方もいるだろう。ＣＳＩのグリッソム主任は法昆虫学者という設定であった。「〝日陰者〟扱いの法昆虫学者がＣＳＩの主任とは出世したなぁ！」と喜んだのだが（フィクションですけど……）、結局、法昆虫学者の「変人扱い」と、法昆虫学的分析の誤りが気になってしまい、ガッカリしたものである。

北米では、法昆虫学の需要の増加に応えるかたちで、二〇〇五年に、North American Forensic Entomology Association（ＮＡＦＥＡ）（北米法昆虫学協会［注：和訳は著者によるもの］）という組織が設立されている。欧州にも European Association for Forensic Entomology（ＥＡＦＥ）という組織はあるものの、ＮＡＦＥＡのように、国内の法昆虫学者が所属し、時に法廷で昆虫学的証拠の解釈をめぐり討論しながら、連携して活動・情報交換している組織・団体をほかに知らない。いずれにせよ、アメリカが法昆虫学の先進国であることは間違いない。

昆虫たちは優秀な捜査官

法昆虫学は、あくまでほかの情報を補完するための手段であり、平常時は、「暇だねぇ〜」「そんなの役に立つの?」などといわれるくらいの方がよい。法昆虫学者の出番がないということは、昆虫に食べられるまで発見されなかった不幸な死者がいないということの証左である。法昆虫学者が多忙で大活躍する社会など想像もしたくない。

ここまで、法昆虫学に対して「後ろ向き」な見解を述べてきたものの、それでもなお、私が法昆虫学という分野に興味をもち、研究を継続しているのには当然、理由がある。

なぜ、昆虫が捜査に有用であるのか。

昆虫は海中以外のあらゆる環境に棲んでいるからである。昆虫のいない海中には、エビ・カニなどをはじめ、昆虫とは別の節足動物が棲んでいる。もっとも、面積は海(昆虫のいないところ）の方が圧倒的に広いのだが……。いずれにせよ、昆虫（節足動物）はヒトが亡くなった事件・事故の現場に居合わせている可能性がきわめて高い。

また、多様な環境への適応、多様な食性など節足動物のもつ特徴から、事件現場周囲の環境の指標として役立つ場合もある。ある特定の地域・環境にしか棲息していない節足動物は、事件現場の絞りこみや特定に有用である。さらにその節足動物の季節消長（どの季節に活動するか）についても考慮に入れて分析することで、「いつ」「どこで」起こった事件であるかという情報の裏づけがとれる。

つまり、事件現場の「野次馬」「じゃま者」としか思われていなかったものが、視点を変えると、事件の「目撃者」「証言者」として、有力情報を提供し、捜査に協力してくれる存在になるということである。

特に、死体を食べる昆虫（節足動物）の死体を発見する能力（嗅覚）はきわめて優秀で、単なる目撃者ではなく、「捜査官」といってもいい。ただし、「現場」である死体を荒らしてしまうこともあるので、「少し血気盛んで後先考えない」という説明が、捜査官という言葉の前につくといったところだろうか。

いずれにせよ、死体を食べている昆虫たちの声なき証言に耳を傾けると、今まで気づくことのなかったさまざまな情報を得ることができるのである。その情報の「宝庫」にたどり着けるのは、現場に残された昆虫学的証拠（暗号）を解読できる者のみである。つまり、死後経過時間についてもっとも真実に肉薄できる可能性のある者が法昆虫学者であるといえる。法昆虫学者が対面する死体は、人知れず亡くなったいわゆる「孤独死」であったり、他者に（殺害され）遺棄されたために、人より先に昆虫に発見されてしまった不幸な死者なのだが、私一人でも死体の発見者である昆虫の言葉なき証言を聴き、死亡時より発見に至る過程に思いを馳せることで、死者に対するせめてもの供養・鎮魂になるだろうか？などと、柄にもなく考えることもある。

私が法昆虫学者になったわけ

現在、私の知る限り、日本に（特に、昆虫学的証拠を捜査に利用する）法昆虫学者の養成機関はない。現実には、私のあずかり知らないところに存在しているかもしれない。私がこうして道化を演じているあいだに、警察庁科学警察研究所などで優秀な法昆虫学者を養成・輩出し、全国の捜査機関へと……いや、やはり、妄想だ。もしも優秀な法昆虫学者が多数いるならば、年間数件と少ないながらも、他府県警察から私に相談がもちこまれることはないであろう。

では、法昆虫学者になるにはどうしたらよいのか?

養成機関・課程がなく、資格認定試験もないのだから、「私は法昆虫学者です」と名乗れば、法昆虫学者になることができる。肩書だけではなく、法昆虫学を仕事にしたいというならば、やや困難である。しかし、正規の養成課程(ルート)がないということを悲観せず、逆転の発想をすると、法昆虫学者になる道は無数にあるともいえる。「自称」法昆虫学者の私の経験が参考になるかもしれない。ただし、そこには「偶然」という要素も多分にあることをご承知いただきたい。

私は学生時代、モグラの仲間(食虫目《しょくちゅう》)、ネズミの仲間(齧歯目《げっし》)といった野生の小型哺乳類の染色体について研究していた。当時、同じ指導教官のもとに、私以外に二名の同級生（修士課程大学院生）が在籍しており、一名（I氏）は食虫目・齧歯目の減数分裂についての研究、もう一名（H氏）はオサムシの仲間（鞘翅《しょうし》目）の染色体についての研究をしていた。野生生物を研究対象としているということは、野外採集が必要である。特に、モグラの仲間を採集するために、近郊の山林に墜落管（ピットフォールトラップ）を仕掛けるのだが、生け捕りにすることが難しい。大食である食虫目は食糧のない墜落管の底で長時間生存することができないため、見まわりの際、すでに死んでから相応の時間が経過していることが多いのだ。私は墜落管の底にたまる小型哺乳類の死臭と死体に群がるシデムシの気味悪さに辟易していたが、I氏は、嘔吐《えず》きながらも「自発的に」その悪臭を嗅いでいた。

　昆虫標本の作製に必要な器具や標本作製方法、および昆虫種の同定方法の基本は、昆虫の染色体を研究していたH氏から教わった。H氏の研究対象であったオサムシの仲間にも独特の臭いがあるので、嫌う方もいる。

　現在、I氏は大学教員として、小型哺乳類の研究を精力的に行っており、H氏は高等学校の教員として活躍中である。しかし、私より二人の方が悪臭に対する耐性が高く、法昆虫学者としての資質があったのではないかと、今でも思う。

私は大学院修士課程を修了し、丸一年間の就職浪人（当時、「バブル（経済）がはじけた」ことによる「就職氷河期」であった）を経て、岩手医科大学医学部法医学講座（当時）に法医解剖を介助する技術職員として就職することになった。法医解剖の介助とは、法医解剖開始前に器具などを準備し、解剖中は執刀医に対面し、解剖の手助けをする。解剖後は死体を清拭《せいしき》し、解剖室から死者をお見送りするまでが仕事である。そのほか、病理組織標本の作製や諸検査も担当することがある。

就職後、当時の上司であった青木康博教授が、それらの仕事と並行し、「修士を取得しているのだから、博士の学位を取得してはどうか」とご提案くださった。ありがたく提案を承諾したものの、問題は研究課題である。

当時の法医学の研究は、血液型など従来の多型的形質を発現する遺伝子の解析と、DNA型鑑定に応用可能なヒトの多型的遺伝子座の探索が数多く行われていた。この分野は、分子生物学的実験手技を習得していなかった私にとって、新規参入するには障壁が高かった。日常業務の傍ら、何とか分子生物学実験の基礎的手技は習得したものの、研究課題を決められないまま数年が経ってしまった。

二〇〇〇年、バードとキャストナーの編著、“*Forensic Entomology: The Utility of*

Arthropods in Legal Investigations”（法昆虫学：法的捜査における節足動物の有用性）という法昆虫学の網羅的な教科書といった内容の書籍が刊行されたのだが、青木先生はこの本を購入し、「生物学で修士を取得したあなたなら、この本を読み、研究課題をみつけられるのでは」と私に与えてくださった。いわゆる「ムチャぶり」とも解釈できるが、競争の激しい研究領域に、後発で参入するくらいなら、日本ではまだ導入されていない分野に挑戦する価値はあると思えた。

昆虫標本の作製および昆虫種の同定方法の基本については「知っている」程度だが、初歩から学習する時間は省略でき、何をすればよいかという「道筋」は朧《おぼろ》げながらみえていた。

さらに、法医解剖介助という仕事柄、解剖室では執刀医よりも長時間、死体の傍らで過ごすことになるため、日常業務と並行して研究を行えることも魅力的であった。

学位を取得するための研究課題を決めなければならないという焦りもあり、私は法昆虫学を「仕事」とする覚悟を決め、辞書を片手に“*Forensic Entomology*”を読みはじめることにした。端的にいえば、「必要に迫られたから」というのが、私が法昆虫学者になった理由である。

法昆虫学者になるための条件？

法昆虫学に興味をもち、法昆虫学者になる方法を探るため、さまざまな情報を集める情熱は歓迎するが、自分が法昆虫学者に向いているか一度冷静に自己分析することをお勧めする。

「情報が氾濫している」といわれる時代だが、自らの経験にもとづかずに収集できるのは、視覚・聴覚の情報に限られる。触覚・嗅覚・味覚などの情報は欠落するか、言葉により視覚・聴覚の情報に置換されている。数多ある視覚・聴覚の情報も、信憑性の問題は別として、さまざまな法的・自主的制約に鑑《かんが》みて「不適切」と判断された情報は除かれているのである。「百聞は一見に如《し》かず」という言葉の通り、現実とは、残酷なまでにすべてをみせるものである。

法医解剖を大学施設で実施している理由には、「学生教育のため」という側面があるので、見学を希望する学生は、教員（執刀医）の承諾を得て、法医解剖室内で解剖の見学を許可される。「法昆虫学に興味があります」という医学部学生がいないわけではない。しかしたいていは、見学のために法医解剖室に入室し、実際に死体が発する腐敗臭を全身に浴び、死体上であたかも一個体の生物のように蠢《うごめ》くウジ集塊を目の当たりにすると、自分の思い描いていた「法昆虫学者が華麗に活躍する世界」という幻想が崩れ落ち、現実を受け止められず、言葉を失い立ちつくしてしまう。きっかけは「憧憬」あるいは「興味」でもかまわないが、それだけでは仕事として継続できないものである。どのような分野・仕事でも、「華やかな世界」はごくまれな例であったり、一部の側面にすぎない。そのことを正しく認識し、「地味で目立たないことであっても、なお続けたい」という覚悟や情熱が必要である。

一方で、法昆虫学が扱う事例について、死者が「人知れず亡くなっていた」ということは、そのような結果を招いてしまった何らかの事情を抱えていたことが多い。つまり、死者に前科があったり、犯罪歴がなくても家族・親族との関係がこじれ、疎遠になったりと、いわゆる「訳アリ」ということである。しかし、私はそれらの事情を法昆虫学的な死後経過時間の推定には必要のない情報とみなして、聞き流すことにしている。

そもそも、法医解剖の対象となる死体は、いずれも不幸な最期を迎えてしまった死者である。死者の不幸な境遇に強く感情移入してしまう心優しい方は、自らの精神の健康を損なう危険性がある。薄情といわれるかもしれないが、仕事として続けるためには、感情を切り離して、死体を科学的な視点で冷徹に観察することが必要になる。ある程度、死者に関する情報に対して「鈍感」になることも法昆虫学者には必要な素養であると思う。

第2章 法昆虫学者という仕事

死体を食糧とする昆虫

昆虫が死体に定住することを入植 colonization という。入植の開始点は原則として、死体への産卵／産仔とするが、幼虫あるいは成虫の場合は、死体に到達し、摂食・定住を始めた時点を入植開始とみなす。死体の軟部組織を摂食するが、死体に定住しない昆虫の場合は入植とはみなさない。

法昆虫学にとって重要となるおもな昆虫は、双翅目《そうし》、鞘翅目《しょうし》、膜翅目《まくし》である。

双翅目はハエ（蠅）、カ（蚊）、アブ（虻）のなかまである。翅を有する昆虫は左右一対の翅を前後に二組、つまり四枚の翅を有するのが一般的であるが、双翅目は一対のみである。ほかの昆虫と比べて飛ぶ能力に長けており、急な方向転換や、ヘリコプターのホバリングのように空中静止することも可能である。ヒトの近くで生活し、ヒトを刺し、吸血したりするもの、病原性の微生物を媒介するものなど、衛生害虫・不快害虫として知られるものも多い。

鞘翅目はいわゆる「甲虫」のなかまで、硬い鞘《さや》のような前翅の下に薄く透明な膜状の後翅を折り畳み収納している。オサムシのなかまのように、なかには翅が退化し、飛べないものもいる。法昆虫学が扱う事例では、死体の軟部組織を食べるもののほか、死体を食べる昆虫を捕食するものも採集されることがある。

膜翅目はアリ（蟻）、ハチ（蜂）のなかまである。前・後翅とも透明な膜状であり、社会性昆虫といって、女王を中心としたコロニーを形成し生活・繁殖する種も多く知られている。アリは雑食性で、死体の軟部組織のみならず、ハエの卵やウジ、そのほかの昆虫の死骸（の一部）なども食料として巣に運び貯蔵する。スズメバチのなかまが、死体の腐敗分解で生じたアルコールに誘引されることもあるので、死体発見現場で遭遇することもまれではない。近年、スズメバチが市街地での生活に適応し、ヒトとの接触の機会が多くなったため、新たな問題となっている。これまでは、市街地で昆虫に蚕食されている死体が発見された場合に、スズメバチの飛来を考慮することはなかったが、今後、都市部の事例においても、スズメバチの刺傷に対する注意が必要となるかもしれない。

そのほか、ゴキブリ（網翅目《もうしもく》）、コオロギ（直翅目《ちょくしもく》）なども雑食性で、死体の軟部組織を食べることがある昆虫である。

死体を食べているウジから推定できること……ハエが死体の第一発見者

一般的に、死体上および周囲から採集された昆虫の種数・個体数が多いほど、死後経過時間は長く、逆に種数・個体数が少ない場合は、死後経過時間は短いと推定できる。また、同種のハエであってもウジの大きさが多様な場合には、断続的な抱卵雌成虫の飛来と産卵が起こっていたと解釈できる。

節足動物は体制（からだのつくり）が脊椎動物とは異なり、外骨格をもつ。エビなどを調理する際、「背腸《せわた》を抜く（とる）」というが、節足動物は背側に消化管、腹側に中枢神経

（腹神経索《ふくしんけいさく》）が走行している（脊椎動物は背側に中枢神経、腹側に消化管がある）。つまり、脊椎動物であるヒトからみると、節足動物は「異形《いぎょう》」なので、不気味さを感じても不思議ではない。ウジは頭部が不明瞭であり、脚がなく全身を伸縮させて移動するので、気味悪さに拍車をかけている。

一個体のみならば愛らしくさえみえる生物も、群れ、特に大群といわれるくらい多数の個体が集合している状態をみると、不快感や得もいわれぬ恐怖を感じるものではないだろうか。ウジは多数の個体が集合し、集塊を形成する。このウジ集塊 maggot mass《マゴット・マス》はあたかも一個体の生物のように蠢《うごめ》いている。各個体の摂食は無音であるが、集塊で死体を蚕食しているときには、プチプチと炭酸の泡沫が弾けるような音が聞こえることがある。

そもそもウジはその外観から、一個体でも「気味悪い」生物である。集塊形成し、蠢いているのをみると、背筋に悪寒が走ることもある。誤解されることが多いが、私は、法昆虫学的に重要な昆虫のなかで、ウジが好きなわけではない。好きな「いきもの」を熱湯に浸けて殺すことなどできない。ただ、仕事（死後経過時間推定）上、ハエの仲間は、もっとも信頼できる証言者であることは認めている。

ハエは死体に死後早期から入植する。つまり、昆虫により蚕食されている死体の法医解剖のほぼ全例で、死体の「第一発見者」はハエである。また、ほかの昆虫は死体を移動させる際（体位変換のような、ごくわずかな移動でも）、離散してしまう可能性が高いが、ハエの仲間は卵から幼虫の期間は死体を生活場所兼食糧としているため、死体を移動しても簡単には離散しない。

また、ウジは蛹になる前に採餌《さいじ》しなくなり死体から離れ（離散期 wandering stage）、前蛹《ぜんよう》となるが、着衣や死体の接地面・近傍にとどまる場合も多いため、死体とともに搬送される。したがって、死体発見現場に赴かなくても、「第一発見者の仔」と法医解剖室で対面することができるのである。

死体の第一発見者とみなされるハエの抱卵雌成虫は明るい時間帯に活動する昼行性であり、死体に飛来すると、直射日光の当たらない暗く湿った部位をみつけて産卵／産仔する。ヒトの身体の部位でいえば、鼻腔・口腔内、眼瞼《がんけん》（両眼と「まぶた」）周囲、外耳道、耳介、髪際部（毛髪の生え際）、毛髪基部（毛根付近）など、頭部に入植する頻度が高い。

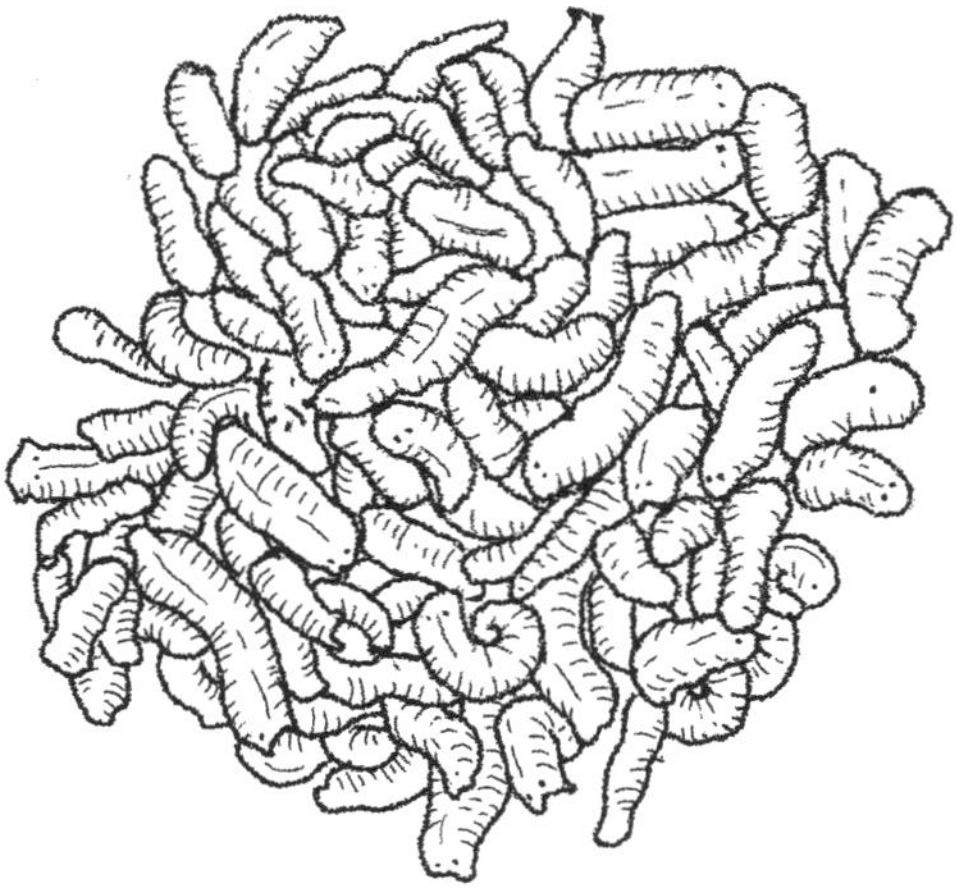

ウジの集塊

頭部以外では、腋窩《えきか》（「わきのした」のくぼみ）、肘窩《ちゅうか》（肘《ひじ》の反対側で腕の内側にある浅いくぼみ）、外陰部、肛門周囲、膝窩《しっか》（膝《ひざ》の裏）などの部位に入植がよくみられる。

着衣がある場合には、身体の該当部位に生じた衣類のしわの谷間《たにま》や、接合部（縫い目）、襟、袖口など皮膚と衣類の境界部や、前合わせ、ファスナーの務歯《むし》（ファスナーを閉めたときに、かみ合う金属などでできた部品）の隙間などに産卵する場合もめずらしくない。損傷がある場合には、損傷部も入植の好発域である。

これらを踏まえたうえで、解剖台上に仰臥位《ぎょうがい》（仰向け）で静置されている死体のハエの入植部位を観察し、顔面（鼻腔、口腔、眼瞼）に卵塊が多い場合は、仰臥位、顔面に卵塊がみられない場合は伏臥位《ふくがい》（うつ伏せ）など、卵塊の少ない側が接地面であったと考えることによって、入植時の死体の姿勢をおおよそ推定できることもある。

また、ハエの仲間は死体の分解に長期間にわたって関与する。死体の状態の変化に応じ、異なる種類のハエが入植するのである。クロバエ科、ニクバエ科をはじめ、イエバエ科、ヒメイエバエ科、ショウジョウバエ科、ノミバエ科、ベッコウバエ科、ミズアブ科、チーズバエ科など、じつに多くのハエの仲間が死体を蚕食している。それぞれ異なる状態の死

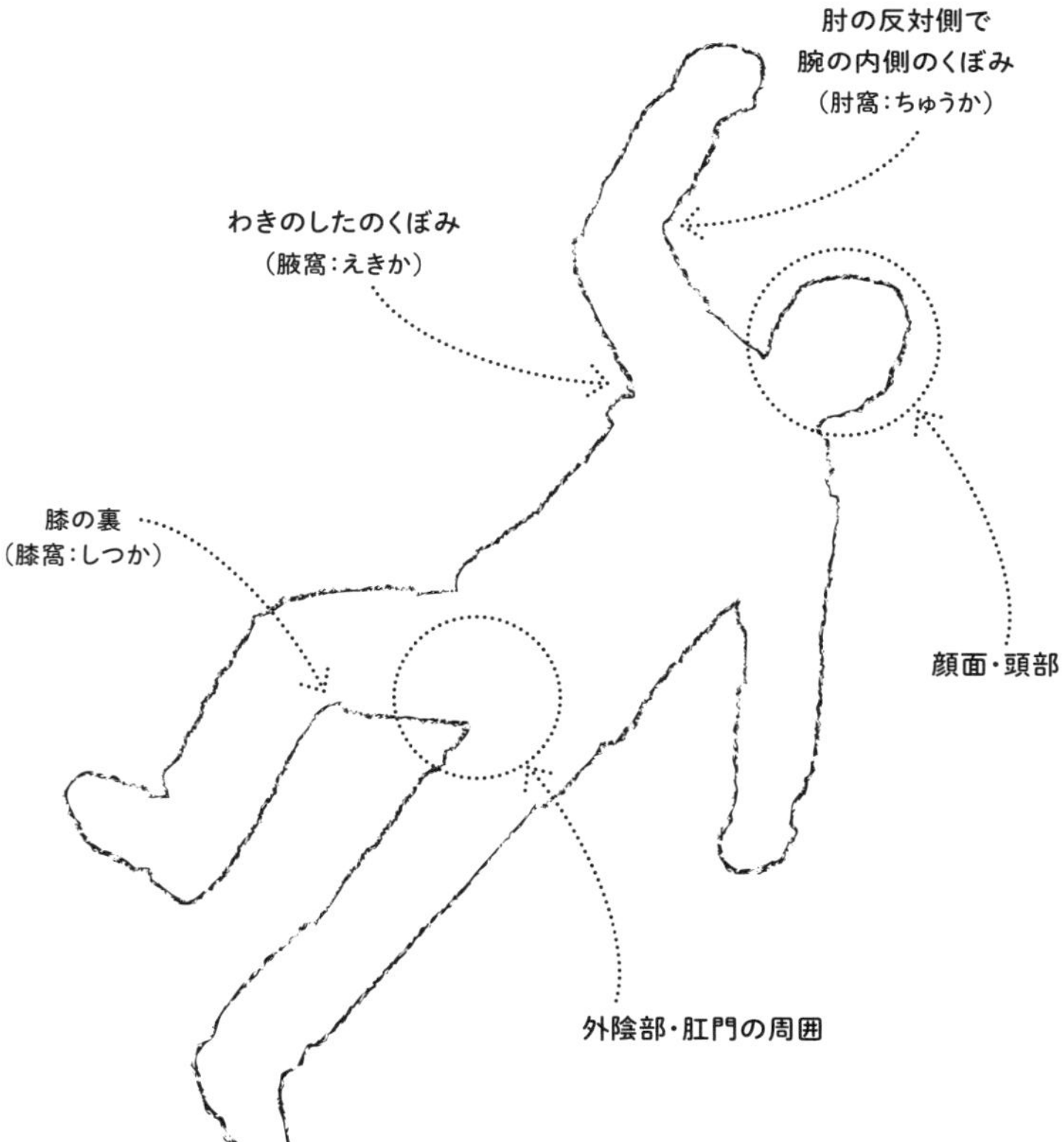

ヒト死体で昆虫がよく入植する場所

体（軟部組織）を好むことから、どのハエが死体の分解に関わったかを読み解くことで、死体の経た分解過程を推測することも可能である。

証言者の身元調査《プロファイル》……死体を食糧とするハエの生態

ここで証言者であるハエの生態を紹介したいところだが、じつは、多様でまだ解明されていないことの方が多いのではないかと思う。私のような「なんちゃって昆虫学者」が浅学で解説できるほど、簡単なものではない。本物の昆虫学者から「身のほど知らず」とお叱りを受ける（現代風にいうなら炎上必至）だろう。

実験生物としてのショウジョウバエや一部のニクバエ、衛生害虫としてのイエバエについては、ほかのハエに比して知見がみられるものの、ただちに法昆虫学的解析に応用できるものは決して多くない。また、ハエは、チョウや一部の甲虫類と異なり、収集の対象となりにくいため、地理的分布などの散発的な報告はあるものの、各種の生態についてはいまだ明らかではないことが多い。文献的調査をしても、内容がまちまちで、「いったい、

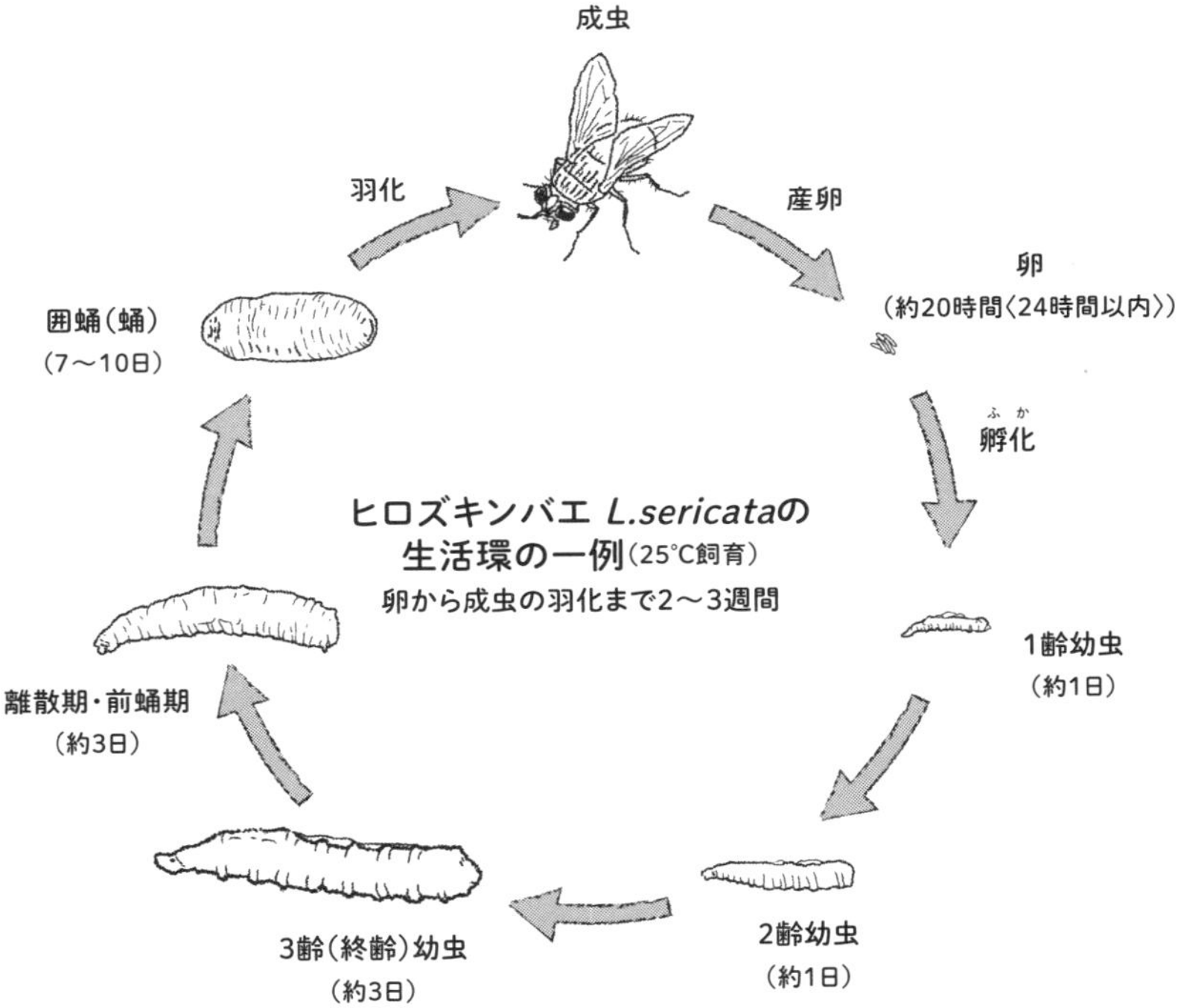

※各成長段階のサイズの比率は実測値にもとづいている

どの記述が正しいのか？」という疑問が生じることも多い。

結論からいえば、「どれも正しい」ので、条件（環境）が近いものを選択し、それを「当面の基準」として採用する。そのうえで、独自に知見を積み重ね、「当面の基準」と適合しないものがあれば、同様の記述がないか再度文献を検索し、基準を再考・更新する。という繰り返しである。

死体に入植するハエ、特に幼虫であるウジは、主として腐敗した動植物質や排泄物を食糧とする。食糧となる動植物質に産みつけられた乳白色で楕円球型の卵から、ウジが孵化する。ウジは頭部側が削った鉛筆の芯のように鋭利で細く先端が尖《とが》り、末節側に向かうにつれて徐々に太くなる「グリップエンドがない野球のバット」のような外観である。ウジは旺盛な食欲で、絶えず摂食しながら成長し、数回脱皮したのち、終齢幼虫となる。終齢幼虫はやがて採餌をやめ、蛹化するための暗く乾燥した場所を求め、腐敗した動植物質から離散する離散期を経て、体長の短縮をともなって、頭部側が丸みを帯びた前蛹となる。外皮の硬化とともに、徐々に明黄褐色から暗赤褐色へと変化し、楕円球型の囲蛹を形成すると、囲蛹内部で蛹化する。成虫は、チョウやセミのように蛹の背部正中が裂けて羽化するのではなく、囲蛹の頭部側が環状に裂けて羽化する、という生活環を有している。

死体に入植するウジたち

新鮮期（腐敗分解過程については81～83ページ参照）の死体に入植するのは、クロバエ科あるいはニクバエ科である。つまり、死体の第一発見者の仔は、この二科に属するハエのウジである可能性がきわめて高い。クロバエ科およびニクバエ科の成虫は、体長一五ミリ程度で、ハエとしては中型から大型である。クロバエ科は膨隆期まで、ニクバエ科は腐朽期まで入植がみられる。ニクバエ科は温暖期にのみ活動するが、クロバエ科は、温暖期はキンバエ属（*Lucilia*）およびホホグロオビキンバエ *Chrysomya pinguis* が、気温が低い時期はクロバエ属（*Calliphora*）をはじめとするクロバエ類が活動している。

通常、健康なヒトにハエは入植しないが、生きているヒトにハエが入植してしまう状態を蠅蛆症《ようそしょう》（「はえうじしょう」でも可）という。蠅蛆症は、熱帯など温暖な地域の不衛生な環境で、アルコール依存症の路上生活者などにみられるもので、衛生状態の向上した現在の日本で、蝿蛆症はごくまれである。しかし、ハエが集《たか》っても忌避《きひ》行動がとれない（追い払うことができない）乳幼児や「寝たきり」の要介護者が、育児（介護）放棄されたいわゆるネグレクトの場合などは、蝿蛆症に罹患《りかん》する可能性がある。このような方が亡くなった場合、法昆虫学的に死後経過時間を推定することは困難であろう。

戦争の際、負傷兵を治療する野戦病院などで、生きているヒトの傷口にウジが湧く「損傷蝿蛆症」という現象が知られていた。しかし「ウジはおもに壊死した組織を蚕食し、損傷の治癒を促進する」ということが従軍医により報告されており、創傷治療に応用するための研究も行われていた。

現在、無菌的に飼育したヒロズキンバエ *Lucilia sericata* のウジを通気性のある素材でできた小袋に入れ、糖尿病性の皮膚潰瘍《かいよう》部にウジ入りの小袋を貼付し、壊死した組織を食べさせて損傷治癒を助ける maggot《マゴット》 therapy《セラピー》という治療法が知られている。ヒロズキンバエのウジによる損傷蝿蛆症は侵襲性が低い（健常組織は食べない）とされているが、小袋に入れることでウジの自由な移動を制限し、かつ損傷部に直接触れさせないことにより、健康な組織まで侵入し、蚕食される危惧を予防している。日本でもマゴットセラピーを受けられる医療機関は比較的多くみられる。

クロバエ科・ニクバエ科以外のハエは通常、新鮮期の死体には入植しない。イエバエ科のハエは腐朽期にみられるが、死体に嘔吐物、排泄物が付着している場合には、それらを「拠点」として入植し、新鮮期からみられる場合もある。また、主たる活動時期は温暖期である。ヒメイエバエ科も腐朽期以降の入植が一般的である。

ショウジョウバエ科およびノミバエ科の成虫は体長五ミリ未満のいわゆるコバエである。ショウジョウバエは英語名称を fruit《フルーツ》 fly《フライ》 といい、腐敗で生じたアルコール臭に誘引されているようで、ヒト死体には膨隆期以降に入植するのが一般的である。ショウジョウバエおよびノミバエは、屋内、さらには押入れ・箪笥《たんす》内など、クロバエやニクバエなど中型から大型のハエの侵入が困難な環境におかれた死体に多くみられる。

ミズアブ科は「アブ」と名がついているが、ハエの仲間である。水辺に棲息し、腐朽期あるいは水中から浮揚し、（一部）屍蠟《しろう》化している状態の死体にみられる。ミズアブのウジは最大四〇ミリ超で、黄褐色を呈する扁平な外観である。ほかのハエと異なり、晩秋に死体を蚕食している場合もある。

ここで紹介したハエの生態については、いうまでもなく、おもに岩手県で得られた知見

ヒロズキンバエ
Lucilia sericata
コガネキンバエ
Lucilia ampullacea
ホホグロオビキンバエ
Chrysomya pinguis
オオクロバエ
Calliphora lata
フタオクロバエ
Triceratophyga caliphoroides
センチニクバエ
Boettcherisca peregrina
アメリカミズアブ
Hermetia illucens
オオモモブトシデムシ
Necrodes littoralis
アカオビカツオブシムシ
Dermestes vorax
ハラジロカツオブシムシ
Dermestes maculatus
アカクビホシカムシ
Necrobia ruficollis
オオハネカクシ
Creophilus maxillosus

死体から採集される昆虫の例

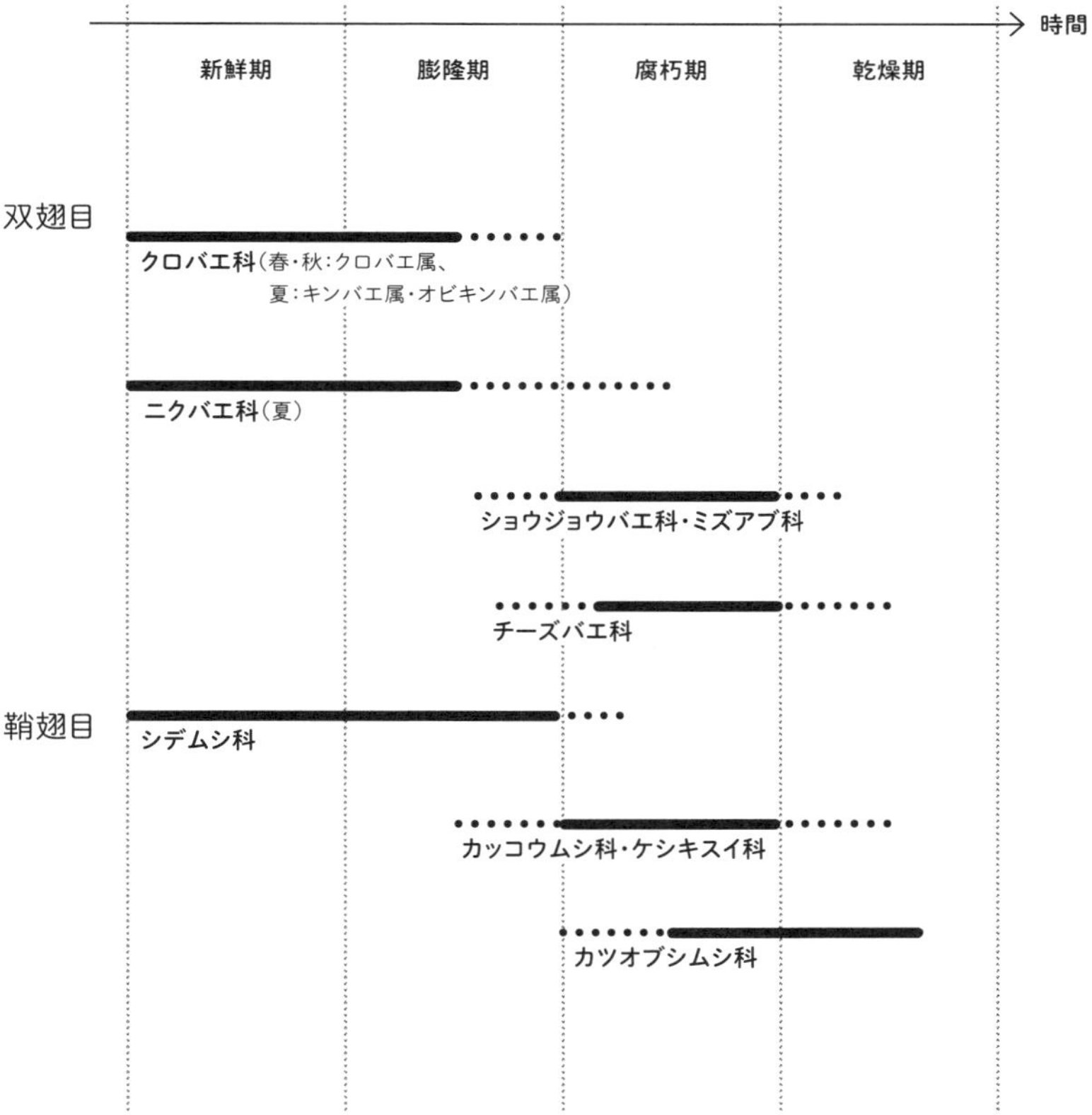

死体の腐敗分解の過程とおもな昆虫相の遷移

である。私は基本的に出不精であるが、全国各地の昆虫相（特に死体に入植する可能性のあるハエ）を調査する目的で、例年六月に開催されている学会参加のために出張する際は、捕虫網などの昆虫採集用品を携行し、昼休みなどの限られた時間を利用して、学会会場の周囲などで昆虫採集をしている。そうした事情を知る学会の参加者から、「いたって真面目に仕事をしているのに、遊んでいるようにしかみえない」と揶揄《やゆ》されることもある。客観的にみて、不審者と思われてもしかたがない行動ではあるものの、決して危害を加えたり、迷惑をかけることはないので、たとえおもむろに捕虫網を取り出しハエ捕りをしているオジサンをみかけても、近寄って話しかけたり（もちろん警察に通報したり）せずに、とにかくそっとしておいてほしい。絶滅危惧職種である法昆虫学者の切なる願いである。

飛び跳ねるウジ

チーズバエ *Piophila casei* の成虫は光沢を帯びた黒色で、体長は一〇ミリ未満のごく小型のハエである。チーズやバター状に変質したタンパク質・脂質を嗜好する。通常、昆虫

飛び跳ねる直前

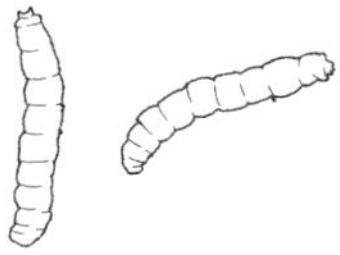

飛び跳ねた直後

チーズバエのウジ

の名前は成虫の特徴を表すことが多いが、チーズバエは例外的にウジ（幼虫）の行動に特徴があり、名前（英語名称）の由来になっている。英語名称は cheese skipper fly や jumping maggot fly という。

チーズバエのウジは最大一〇ミリ程度の細いウジであるが、全身を丸め、指をはじくような動作で飛び跳ねる。ヒト死体の場合には腐朽期から乾燥期の中ごろまで、あるいは、屍蠟化した死体にみられる。上腕骨・大腿骨など長管骨の骨髄腔（骨髄を容れる骨中心部の空隙《くうげき》）にみられる場合もある。

余談ではあるが、イタリアのある地域では、チーズバエに羊乳製のチーズに産卵させ、孵化したウジに食べさせ分解させたチーズが存在するそうである。このチーズは基本的にウジを取り除いて食べるものなのだが、なかにはウジもろとも「踊り食い」するツワモノもいるそうである……。

ウジのいない死体……シデムシ

ウジ以外にも死体に入植する虫がいる。

シデムシは軟部組織を蚕食する早期入植の鞘翅目であり、新鮮期や膨隆期に入植し、腐朽期までみられる。シデムシは甘酸っぱいような独特の「体臭」をまとっており、腐敗臭気を放つ死体にシデムシを目視できなくても、癖のある強い体臭を感知し、シデムシの存在に気づくことがある（※個人の感想です）。

モモブトシデムシはウジの捕食者としても知られる。また、クロシデムシやモンシデムシは、ウジに寄生するダニを体表につけていることが多い。したがって、シデムシが死体に入植している場合は、ウジがみられない、あるいはいてもごくわずかである。モンシデムシは「子育て」をする昆虫として知られており、幼虫とともに成虫が死体から採集されることもめずらしくない。

シデムシは基本的に夜行性であり、日の入以降に死亡した、あるいは死体遺棄された場合には、ハエよりも早く死体を発見し、第一入植昆虫となる可能性が高い。シデムシが第一入植昆虫となるような死体には、もう一つ特徴がある。死体発見現場が山中の沢ないし涸《か》れ沢あるいは河岸の林など、水辺に近い湿潤な環境であることが多い。

ホシカムシとカツオブシムシ

ホシカムシ（カッコウムシ科）は漢字で干鰯虫と表記する。干鰯とは、魚を干して乾燥させ、作製した肥料であり、ホシカムシはこれを食害するとされる。ホシカムシは英語名称をham beetleというが、干鰯よりは、誰もが口にしたことのある加工食品の「ハム」という方が、死体の軟部組織がどのような状態にあり、食糧として嗜好するのか想像しやすいかもしれない。ホシカムシは腐朽期から乾燥期の中ごろ、あるいは屍蠟化した死体にみられ、幼虫、成虫とも採集されることから、死体に入植し、水分の少ない軟部組織を食糧としていると推察される。死体から採集されるのはアカクビホシカムシ *Necrobia ruficollis*、アカアシホシカムシ *Necrobia rufipes* のいずれかであるが、両種が混在していることも多い。

カツオブシムシ（鰹節虫）は、その名称から想像できるように、乾燥し、水分の少ないタンパク質を食物として嗜好する甲虫である。幼虫の外観は毛虫様《よう》で、幼虫も同様に乾燥タンパク質を食べる。英語名称を skin beetle といい、革製品の原材料を食害する。カツオブシムシのなかでも、ハラジロカツオブシムシ *Dermestes maculatus*、アカオビカツオブシムシ *Dermestes vorax* といった、体長一〇ミリ程度の比較的大型の種類が、乾燥期のヒト死体にみられ、よく採集される。その際、死体の上に褐色の線維状の物質が多量にみられることがあるが、正体はカツオブシムシの排泄物（糞《ふん》）である。この線維状の排泄物はきわめて軽く、かつ水分があると簡単に崩壊する。したがって、カツオブシムシの糞が堆積しているということは、死体が長期間雨風にさらされない環境におかれたことを強く示唆する所見であるといえる。解剖台上の死体に多量のカツオブシムシの糞をみつけたハラグロホウコンチュウガクシャ（「腹黒」法昆虫学者）は、「これは……（死体発見）現場は屋内ですね」などと、自らがさも権威者であるかのように擬態し、経験の浅い若年の警察官を相手に大仰に講釈をするのである。

法昆虫学マニュアル……採集・標本づくり

私の目標は、法昆虫学を実務導入し、全国に普及させることである。そのためには、「特殊な知識や技能を有する者しか扱えない」のではなく、法医実務に携わる者なら「誰でもできる」にしなければならない。昆虫種の同定など、簡単には解決できない領域もあるが、興味をもった警察官や法医学者などが、とりあえずできそうなこととして、私が法医解剖室や研究室で行っている事項や手順を整理し、簡単に解説する。簡易マニュアルのような記載で面白くはないので、興味のない方は読みとばしてくださってもかまわない。

①昆虫の種数・個体数ともに一番多いのは、いうまでもなく死体発見現場である。死体発見現場では、臨場した警察官によって昆虫が採集される。死体につく昆虫の多くは、わずかな体位変換であっても、攪乱《かくらん》されて、死体から離散するなど大幅に移動するので、死体を搬出する前に、身体の部位別に容器を分けて採集するのが望ましい。また、複数種を同

一の容器に入れてしまうと、捕食性昆虫の餌となった昆虫が食べつくされてしまうことがあるので注意が必要である。

昆虫を入れる容器は五〇ミリリットルチューブ（遠沈管）などでよいが、長時間保管するならば、昆虫にとって高温は致死的であるので容器内の温度が過度に上昇しないように配慮し、時々キャップをゆるめ換気するなどの処置をすることが必要である。ただし、キャップをゆるめた状態で放置すると、昆虫（特に全身が軟らかいウジや鞘翅目の幼虫）が隙間から逃亡したり、リキャップ（キャップの締め直し）の際、昆虫が隙間に入りこんでいることに気づかずに圧死させてしまう可能性があるので注意する。チューブに入れた生存個体は可能な限り早急に飼育環境に移すことが望ましいが、それが難しい場合には、二日程度ならば冷蔵庫で保管してもよい。

警察官は昆虫採集の用具を持っていないため、採集可能な生存昆虫は、見つけやすく動きの遅いものに限られるが、脱皮（羽化）後に残る抜け殻および昆虫の死骸やその一部は、昆虫が活動していた痕跡であるため、採集しておく。また、動きが速く採集できなくてもその昆虫の特徴や個体数（例：「体長一〇ミリ程度で全身が緑色の金属光沢を帯びたハエが数匹《ひき》」など）を記録しておくことが重要で、生存個体のみならず、死骸などの残存物や目撃情報も「昆虫学的証拠」として有用である。

②警察署や法医解剖室では、死体の移動による攪乱で、昆虫は死体から離散していたり、発見時とは異なる身体の部位に移動しているので、まずは死体を観察しながら昆虫を探し、残存している死体昆虫相の概要を把握する。ここで、昆虫（特にウジなどの幼虫）の生存個体数が充分（おおむね数十個体以上）ならば、昆虫種同定のために成虫までの飼育用の試料《サンプル》を二〇個体程度採集し、加えて五個体程度は死後経過時間を推定するための試料として、固定（殺虫）・保存する。生存個体については、成長段階（体長）、種類ごとに別容器に入れる。死後経過時間の推定に用いる個体は、成虫以外でもっとも成長が進んでいる段階のものを熱湯殺虫後、八〇パーセントのエタノールに浸漬《しんせき》し保存する。

熱湯の利点は、準備が容易で特別な試薬を必要としないうえ、事前に煩雑《はんざつ》な試薬の調製をしなくてもよいことである。ウジは瞬殺され、伸展するので、後の体長計測が容易にな

昆虫保存容器

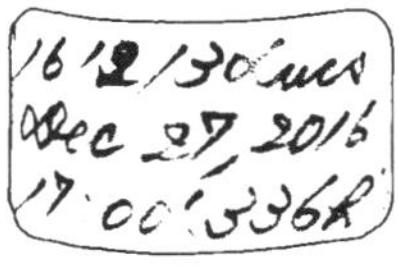

保存容器に貼るラベル
採集年月日、採集地などを記録する

る。熱湯を入れる容器は市販の紙コップが安価でよい。ディスポーザブル（使い捨て）として使用するのが衛生的である。

エタノール以外の保存液もあるが、汎用試薬で入手や調製が容易であるのでエタノールを推奨《すいしょう》する。濃度は七〇パーセント（消毒用エタノールの濃度）以上であれば特に問題は生じないと思われるが、殺虫に用いた熱湯（水）が混入して希釈《きしゃく》されることを考慮し、八〇パーセントとしている。保存用容器は小型（一〇ミリリットル程度）でエタノールの揮《き》発《はつ》防止のため、密栓《みっせん》できるものがよい。容器には採集年月日、採集地（死体発見現場）の情報を記録したラベルを貼付する。検体番号など、各機関で独自に管理している情報がある場合は、採集地の情報を検体番号などに置き換えてもよい。液体標本を他者に試料として提供するために携行する際にも、小型容器は便利である。エタノールは長期保存に適し、液浸標本は後にＤＮＡ抽出試料として利用することもできる。

熱湯および八〇パーセントエタノールならば、死体発見現場に携行することも容易であり、幼虫の固定・液浸保存の過程は死体発見現場で行うことが理想的である。

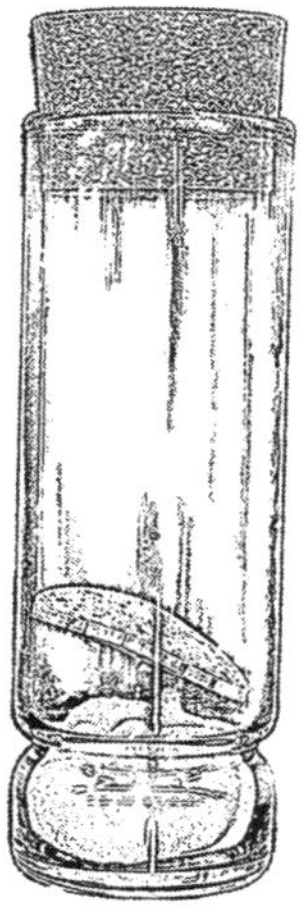

殺虫管

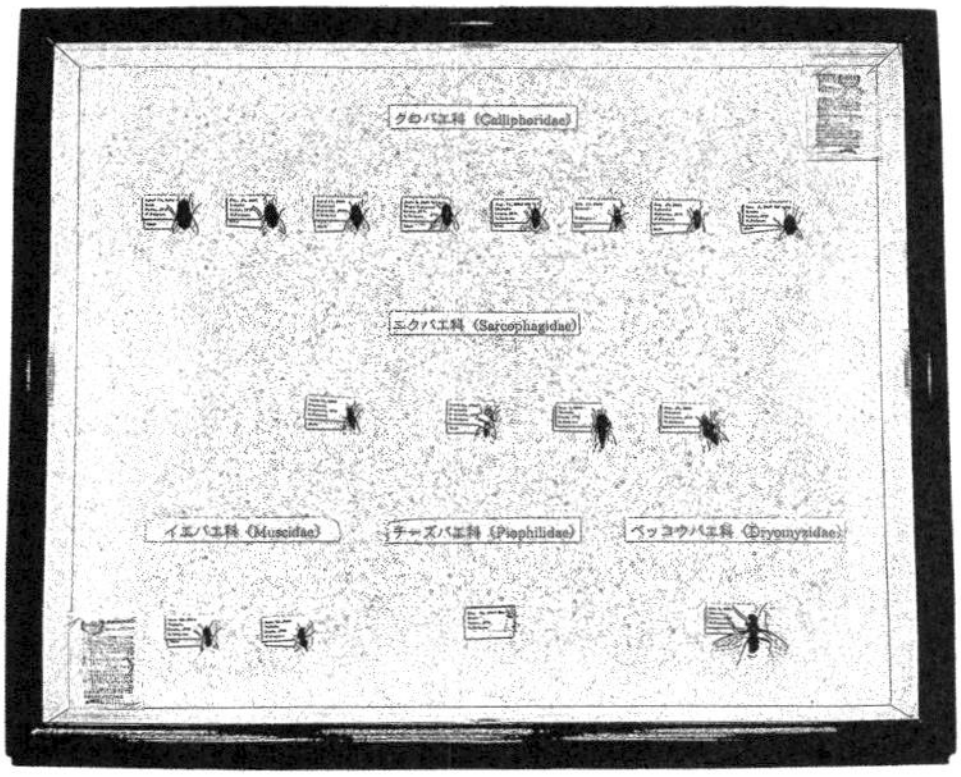
クロバエ科 (Calliphoridae)
ニクバエ科 (Sarcophagidae)
イエバエ科 (Muscidae)
チーズバエ科 (Piophilidae)
ベッコウバエ科 (Dryomyzidae)

標本箱

死後経過時間推定の際には、死体上でもっとも成長していた昆虫（エタノール液浸標本にした）を第一入植種とみなしてよいが、死体発見現場で採集した昆虫学的証拠（死骸や目撃情報を含む）も考慮する。

③採集した生存個体は研究室に持ち帰り飼育する。一般に、昆虫種は成虫の形態的特徴を指標として同定するので、幼虫は成虫として羽化するまで飼育する。採集した個体が成虫の場合、交尾・産卵する可能性を考えて飼育を試みる。採集した成虫を飼育せずに乾燥標本にする場合には、消化管内容物を排出させるために、数日間絶食させるとよい。

飼育する場合は、恒温・恒湿（温度と相対湿度を一定に設定した）で、明暗周期を管理した飼育庫（飼育室）内で行うことが望ましい。基本的に飼料はブタ肉（スライスあるいは挽肉）でよいが、死体を食べていた昆虫であっても、新鮮な豚肉では不適の場合がある。昆虫を採集した死体の状態（腐敗段階）を模《も》した人工飼料の開発を検討しているが、現状は試行錯誤の段階であり、確立していない。

飼育庫がない場合は解剖室や死体安置所の一角など、温度や湿度の変動が少ない安定した環境に飼育容器を置く方法もあるが、恒常的に暗所となる場合はハエの飼育には不適である。

④成虫を殺虫管（コルク栓のついたガラス管で、底に酢酸エチルをしみこませた脱脂綿を入れる）に入れ、酢酸エチルで殺虫し、乾燥標本を作製する。

標本作製には、いくつか専用の器具が必要であり、標本の保管にも標本箱という特殊な箱が必要なので、これらを揃えられない場合は、八〇パーセントのエタノール液浸保存で代用する。

死体の腐敗分解過程……死後変化からおおよその死後経過を推定する

キャスパー（Casper）の法則とは、「大気中における死体の腐敗進行速度を一としたとき、水中は二倍、土中は八倍遅くなる（＝時間を要する）」という、法医学の教科書に載っている腐敗進行速度の指標である。「水中では二分の一、土中では八分の一となる」と表記している場合もあり、平成二六年（二〇一四年）に実施された第一〇八回医師国家試験に出題されている。

キャスパーの法則の妥当性について、「本当だろうか？」と疑問をもたれる方もいると思う。

当然、腐敗が進行する速度は死体のおかれた状況や、死体の体重や体格によりけりであり、すべての事例に例外なく適用できる絶対的な法則ではない。

例えば、温度、天候、風向・風力（大気中）、深さ（水中・土中）、塩分濃度（海水・淡水）、土壌の性質（酸性・アルカリ性）などの影響によって、腐敗進行速度が変わるだろうことは容易に予測がつく。ただし、大気中（陸上）と比べ水中・土中は安定した環境であり、水中の死体は大気中よりも腐敗分解がゆるやかに進行し、土中ではさらに時間を要するということはおおむね事実であり、死後経過時間を推定する際の指標として、ある程度は信頼できる。

しかし、生物による死体の損壊を考慮すると、キャスパーの法則のみでは死後経過時間推定の指標として心許《こころもと》なくなる。陸上の場合、カラスなど大型の鳥類、タヌキなどの哺乳類により死体が短時間かつ大規模に損壊されたと考えられる例は多くある。海水中の場合は、サメなどによる大規模な損壊のほか、漁船から海に転落した方が、わずか一日で軟部組織がほぼなくなるほど小型の節足動物により損壊されることもあり、むしろ陸上より速やかに死体の分解が進行することもある。土壌中には陸上や海中のように死体を損壊する大型の生物がいないので、さまざまな環境のなかで、土中がもっとも腐敗分解速度が遅いとはいえる。

陸上（大気中）における死体の腐敗分解はおおよそ、以下に定義する五つの段階（過程）を経る。なお、各期にみられる死体現象を法医学用語を用いて説明しているが、この腐敗分解過程各期間の分類は法医学的なものではない。かつ、各期の日本語訳は法医学用語ではなく、私があてたものである。

●新鮮期 fresh stage

死亡直後から次の膨隆期までの期間。口唇の乾燥などが始まるものの、外観はほぼ変化がみられない。しかし、個体死直後から細菌による分解や自家融解が進行している。角膜の混濁、死斑、死後硬直、直腸温などの死体所見が死後経過時間の推定に有効である。後期には、下腹部に腐敗変色の発現がみられる。

●膨隆期 bloated stage

全身が腐敗ガスで膨隆し、いわゆる「巨人様化」している。皮膚（真皮）が赤褐色ないし緑褐色を呈するので、我々が想像する赤鬼・青鬼は、膨隆期の死体の外観にもとづき考えられたのではないかという説もある。

●腐朽期 decay stage

（皮膚の一部が破綻して）腐敗ガスが抜け、軟部組織が融解し、水分が減少していく期間。初期には諸臓器は軟化するものの形態をとどめているが、徐々に泥状に変化し、脆《もろ》くなる。皮膚による連絡が絶たれ、頭部、指（足指）、四肢の末節などが体幹部から離断する場合もある。腐朽期を腐朽促進期 active decay stage と高度腐朽期 advanced decay stage の二期とする見解もある。

●乾燥期 post-decay stage／dry stage

乾燥がさらに進行し、残存する軟部組織は暗褐色ないし黒褐色に変色した皮膚（真皮）と体毛程度となる。椎骨《ついこつ》・骨盤などは軟骨が残存し、連結が保たれている部分もある。

●残骨期 remains stage

死体分解の最終段階。軟骨もほぼすべて欠損し、各骨は離解する。残存する骨は脱脂され、白色を呈し、脆くなる。死体を食物として利用する生物は、ほぼみられない。

ほかに特殊な死後変化のおもなものとして、次の二つがあげられる。

●屍蠟化

水中や湿潤な土中、あるいは通気性の悪い素材で被覆された嫌気的（酸素が不充分な）環境で、軟部組織が蠟状に変化した死体。歯・骨、体毛を除き、軟部組織全体がチーズあるいはバター状の塊となり、各臓器は判別できない。

●木乃伊《ミイラ》
（栄養状態が悪く）痩せ型の死体が、通気性がよく乾燥した環境におかれた場合にできる。皮膚は黒褐色を呈し、革皮様化（革製品のように硬く変化）している。

昆虫学的証拠から死後経過時間を推定する方法……積算時度

積算日度（ＡＤＤ：Accumulated Degree Days）は、気温と昆虫の産卵から成虫の羽化までに要する時間との「積」であらわされる。積算日度は昆虫種により一定とされ、「繁殖可能な成虫の個体数を大幅に減らすために、いつごろ殺虫剤を散布すればもっとも効果的か」というような、農業分野において害虫防除の目的で殺虫剤を散布する時期の予測などに利用されてきた指標である。

これを法昆虫学による死後経過時間の推定に応用するには、推定精度の向上（推定の幅を狭くすること）が必要となるため、単位を「時間」として積算時度（ＡＤＨ：Accumulated Degree Hours）を用いるのが一般的である。

例えば、死後早期から死体に飛来し、産卵するあるハエが、気温二五℃のとき、産卵された時点から成虫が羽化するまでに、二一日（五〇四時間）を要するとする。このハエの産卵から成虫の羽化までに要する積算時度は、

25℃×504時間＝12,600 ADH

と算出される。

法医解剖のときに死体を蚕食していたこのハエのウジを採集し、二五℃（恒温）で飼育したところ、飼育開始から一〇日（二四〇時間）で成虫が羽化したとする。そうすると、飼育開始から成虫の羽化に要した積算時度は、

25℃×240時間＝6,000 ADH

である。

したがって、産卵から法医解剖時に採集されるまでの積算時度は、

12,600 ADH－6,000 ADH＝6,600 ADH

となる。

死者の最終生存確認から死体発見時までの死体発見現場の平均気温が二二℃だったとすると、

6,600 ADH÷22 ℃＝300時間＝12.5日

となり、法医解剖での採集時から一二・五日前に産卵したと推定される。

死体発見現場が死亡した場所と同じであり、かつ、死亡後まもなくこのハエが飛来し、産卵したと考えられるならば、「解剖時点で死後一二日と一二時間が経過していたと推定される」ということになる。

積算時度の利点は、簡単な四則演算の計算によって算出可能で、死後経過時間を「数値」として提示できることにある。

だが、この「推定値」を手放しで信頼してはいけない。

まずは、「積算時度は昆虫種により一定」という前提であるが、「いきもの」である以上、同じ条件で飼育しても、成長速度に個体差があることは容易に想像できる。つまり、一定の「範囲」にあるということである。

また、昆虫は体温を調節できない生物なので、成長は温度帯にも敏感である。例えば、温暖期に活動するヒロズキンバエを二五℃で飼育したときの積算時度は、一万二二一二・五ＡＤＨであったとする。つまり、産卵から成虫が羽化するまで、二〇日と八時間三〇分を要したということである。この一万二二一二・五ＡＤＨという積算時度にもとづくと、一五℃で卵から飼育すると約三四日で成虫が羽化すると推定されるが、実際には三四日時点の生育は前蛹期でとどまり、成虫の羽化どころか蛹化すらしていない状態であった。逆に、高温域は昆虫にとって致死的であるといわれている。したがって、積算時度を適用する際には、その昆虫の生育に好適な温度を把握することが必要であるといえる。

まずは法昆虫学の事例でよく採集されるハエの積算時度を把握する必要がある。

そこで、ハエの抱卵雌成虫個体あるいは卵塊を採集する。抱卵雌成虫はブタ肉片を誘引餌《ベイト》として、飛来するハエを捕虫網で採集するか、肉片に産卵するのを待つのだが、小型で新鮮な肉片では誘引力が弱く、あまり用をなさない。ハエを求めて捕虫網を片手に生ごみ集積場に足を運ぶこともあるが、生ごみは、ハエがあまり飛来しない午前中の早い時間に収集されてしまうので、誘引効果は期待できない。また、目的の種の抱卵雌成虫か、雌の産卵行動を観察し、産卵日時を把握できた卵塊を入手したいのだが、このような「わがまま」がすべてかなえられるほど、自然はあまくない。

何とか抱卵雌成虫個体を得られた場合は、直径約一〇〇ミリ、深さ約五〇ミリの透明な小型容器に、園芸用のバーミキュライト（蛭石《ひる》）を厚さ一五ミリ程度敷き、その上に、アルミホイルとラップで包んだブタ肉薄片かブタ挽肉を静置して、これを培地として産卵させる。

この容器をその季節（温暖期〈夏〉あるいは寒暖境界期〈晩秋・早春〉）の気温・明暗周期に設定した飼育環境におき、継時的に観察する。

産卵した時点を開始点（0）としてカウントアップ式のタイマーが起動したとみなし、成虫が羽化した時点を計時終了として、所要時間を記録する。

この所要時間と飼育温度の積が積算時度ということである。

自然発生説が支持されていた時代からの名残だろうか、腐肉にウジが「湧く」と表現されるように、ウジ（ハエ）は腐敗した動植物質にいつのまにか多数いる「たくましいいきもの」のように思われがちである。しかしながら、いざ、法医解剖の際に死体から採集したウジを飼育してみると、不思議なことに成虫を羽化させることも難しい。継代飼育（卵から成虫まで育て、さらにその成虫の雌雄を交配させて産卵させるというサイクルを繰返す）が可能な種は、クロバエ科のヒロズキンバエ、ニクバエ科のセンチニクバエ *Boettcherisca peregrina*、シリアカニクバエ *Parasarcophaga crassipalpis* など、ごく一部に限られる。これらの種の継代も、二世代以降は急激に成功率が低くなり、飼育個体群の継続的な維持は、ほぼ失敗に終わる。近交弱勢なのだろうか？　継代失敗の原因は不明である。そもそも、我々の生活環境が衛生的になったため、日常生活、特に屋内でハエを目にする機会が少なくなり、ハエ成虫を効率的に採集したり、産卵日時を正確に把握することも難しくなってきた。結果、死後経過時間の推定に必要な法昆虫学の指標であるハエの積算時度に関するデータ収集も、思うように進行していないのが現状である。

死後経過時間の推定精度の向上……ウジの体長計測と積算時度

ゴキブリやコオロギのような、幼虫（若虫）と成虫の外部形態の変化が少ない不完全変態と異なり、ハエの仲間は、卵、幼虫（ウジ）、蛹、成虫と、成長につれて形態を変化させる完全変態をする。したがって、どの成長段階にあるのか比較的容易に判別できる。ハエが死体に長径二ミリ程度の乳白色で楕円球状の卵を産卵した時点を0とし、孵化直後から蛹化するまで継時的にウジの体長を計測・記録することで、時間経過の指標とすることが可能である。

法医解剖の際にウジが死体を蚕食していた場合には、最大のウジの体長を計測し記録することは、執刀医にとって従来行ってきた常識《ルーティン》であろう。ウジの体長が死後経過時間の推定に有用であることは、既知のことであった。ただ、その記録《データ》を有効利用するには、参照すべき指標が不足しているということである。法昆虫学的死後経過時間の推定精度を向上させる、つまり推定される時間の幅を狭くするために、ウジの体長計測と積算時度（ＡＤ

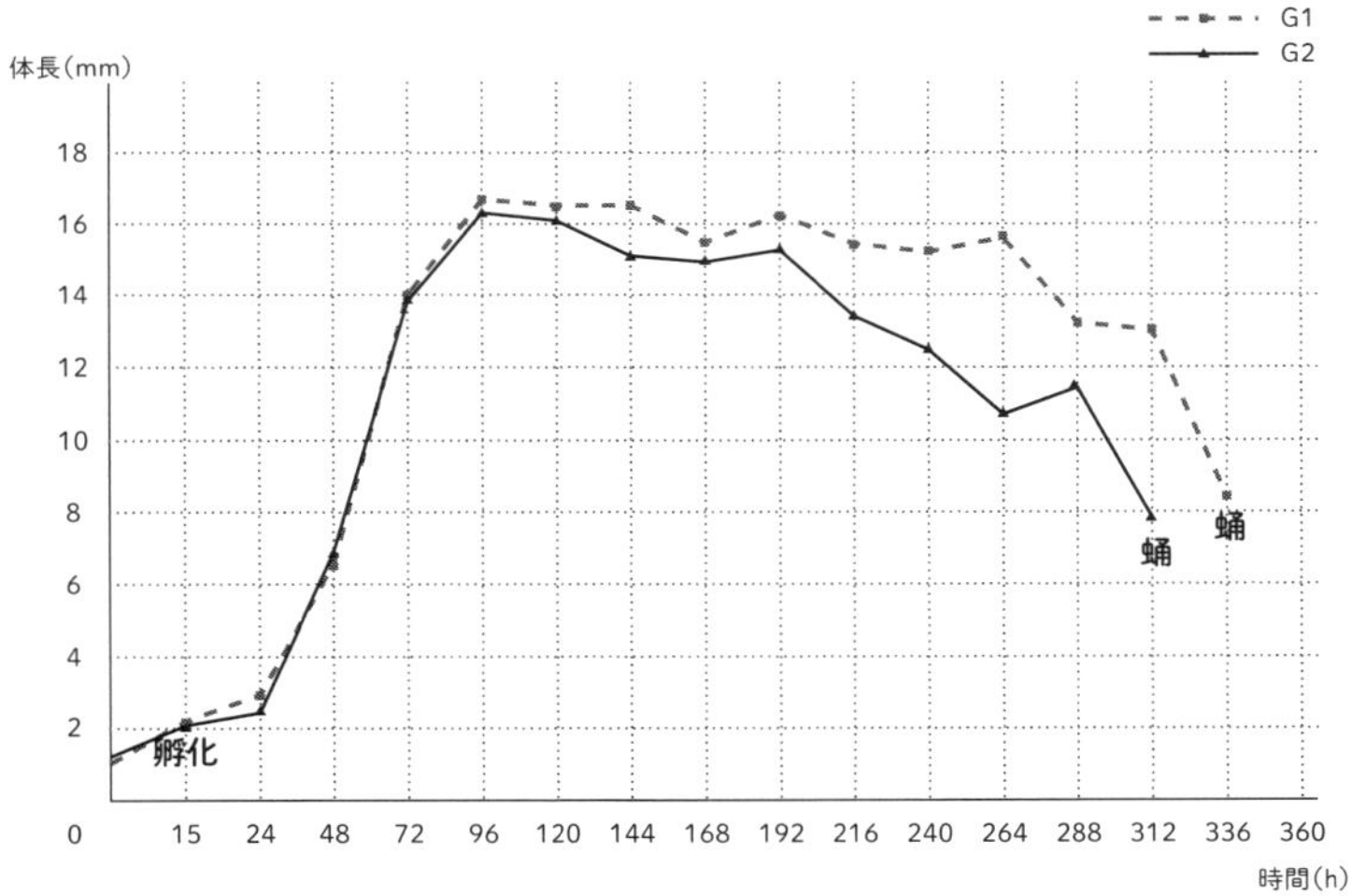

ヒロズキンバエ *L. sericata* 2世代のウジの体長変化

H）を組み合わせる方法もある。この方法は、前述の飼育個体群の一二時間ごとの経時的な観察時に、数個体を熱湯で殺虫し、八〇パーセントのエタノールで液浸保存する。これを卵から蛹になるまで継続する。

各時間におけるウジの体長を計測し、縦軸を体長、横軸を時間（産卵時点を0）として、時間によるウジの体長変化をあらわすグラフを作製する。温暖期に活動する早期入植ハエの体長変化は、単峰性のグラフとなる。産卵から一二～二〇時間で孵化し、ウジとなって摂食を始めると、産卵から九六時間程度で最大長になり、その後、摂食をやめ、徐々に体長が短縮し、明黄褐色を呈する。外皮が硬化すると暗赤褐色楕円形の囲蛹を形成し、囲蛹内部で蛹へと変態する。

この方法の利点は、ウジの体長計測という簡単な手段で、産卵から経過したおおよその時間を把握できることにある。また、全長一五〇ミリ程度のスケール（定規）は精度の保証されたものでも比較的安価で入手できる。かつ、小型であるため、死体発見現場に携行可能である。

ただし、前提として参照できるデータがあること、ウジでハエの種類をある程度同定することができなければならず、知識を必要とする。

ところで、「ウジの体長は、摂取可能な食物量によって異なると予想されるので、指標として信用できないのではないか？」という疑問が生じる。だが、昆虫にとって、ヒト死体は食物として充分な量があるので、食物量不足により成長不良になることは考えにくい。したがって、充分量の飼料で飼育したウジの体長のデータは有効であると思われる。

法昆虫学により割り出された死後経過時間は正確か？

病院で医師により死亡診断された場合と異なり、法昆虫学が適用される事例は、人知れず亡くなっていたり、亡くなったことを隠されていた死体である。殺人の場合も、犯人が正確な殺害時刻を把握しているとは考えにくい。つまり、「正確な」死後経過時間は誰にもわからないのである。だからこそ、法昆虫学によって推定された死後経過時間については「これで適当だろうか？」と常に疑問をもちつつ、さまざまな条件を考慮し、検討すべきである。

少々意地悪な質問であるが、前述の、「解剖時点で死後一二日と一二時間が経過していたと推定される」とした例にも、本来、考慮すべきなのに脱落している事項があることにお気づきだろうか？

昆虫を採集したのは「法医解剖時」であり、積算時度を算出するのに用いている気温は「死者の最終生存確認から死体発見時までの死体発見現場の平均気温」である。つまり、死体発見現場から警察署、警察署から法医解剖室まで搬送された期間の所要時間と気温（環境温）はまったく考慮されていない。

たとえ話（フィクション）なのだから、状況設定を簡略化するのは当然であると考えるのが自然かもしれない。しかしながら、実際に、死体発見から二四時間以上経過してから法医解剖に付されることは日常的に想定されうる。また、警察署の遺体安置所には大型の冷蔵庫が設置されており、死体が長時間にわたって冷暗所に保管されている場合もある。

それでも、法昆虫学により推定された死後経過時間は、死体所見から推定された死後経過時間よりも高精度な推定が可能な場合も多いのである。

例えば、死者の近所の人が「家の前を歩いているのを『見かけた』のが、半月『くらい前だった気がする』」というように、最終生存確認が非常にあいまいでそれを裏づける情報もない、法医解剖で得られた死体所見から死後一～二週間経過していると思われる、という場合を想定する。この「死後一～二週間」という推定値の妥当性をどのようにとらえるだろうか？「一週間しか差がない」「七日間も差がある」「どちらでもよい（わからない）」の三通りの見解があるだろう。

これが法昆虫学の適用事例、つまり死体が昆虫に食べられているのならば、昆虫を指標とした場合、「七日間も差がある」ととらえ、推定精度を向上できる（推定幅を狭くできる）可能性が高い。

「昆虫学的証拠」から得られる情報……死体に残存する昆虫の活動の痕跡

ヒトの死体は新鮮で、かつ損壊がないほど、得られる情報量は多い。同様に、死体を食べる昆虫も「生きている」方が、その後の分析の選択肢が増えるので望ましいのは確かであるが、昆虫の死骸や昆虫の一部、昆虫活動の痕跡などから得られる情報も法昆虫学的に有用である。昆虫の一部であっても、形態的指標が残存していれば、昆虫種の同定が可能な場合もある。また、孵化・脱皮・羽化後の外殻（外皮）、食痕や排泄物など、昆虫が死体上で活動した痕跡が残っている場合もある。これらを読み解くことで、死体の腐敗分解過程とそれにともなう死体昆虫相の遷移をある程度推定できる。

ウジは頭部にある硬い咽頭骨格の鋭い先端部（口鉤《こうこう》）で掻《か》くようにして組織を破壊し、穿孔《せんこう》する。唾腺《だせん》から消化液を体外に放出し、液状化した消化物を吸引することで摂食する。皮膚に直径五ミリ程度の、ウジが穿孔した円形の痕跡が残ることがある。死後、長時間の経過にともない、腐敗分解が進行して死体上にすでにハエやウジがみられなくても、ウジの穿孔痕が入植の証拠となるのである。

焼損死体とニクバエの幼虫……特殊な状態の死体と昆虫

火災の鎮火が確認された直後に発見された焼損死体の法医解剖の際に、体長一〇ミリ程度のウジが一〇個体程度発見されることがある。こうした場合、殺人とその証拠隠滅のために放火した疑いが生じ、解剖室の雰囲気が緊迫する。つまり、「不幸な事故」と思われた火災が「凶悪事件」の可能性を考慮することにより、解剖に立ち会う警察官の緊張度が高まるのである。執刀医も死体発見から経過した時間とウジの大きさに齟齬《そご》を感じ、困惑する。

しかし、冷静に考えると、この事象は矛盾なく説明できる。

まず、焼損死体を観察すると、表面は炭化し、身体の深部までタンパク質の熱変性が生じている。昆虫の入植が、火災が起きる前であったならば、ヒトが炭化してしまうほどの高温環境でヒトよりはるかに小型である昆虫も焼けてしまうはずである。

では、体長一〇ミリ程度のウジはいつ死体に入植したものなのか。

このウジはニクバエのものとみてほぼ間違いない。ニクバエは卵胎生という性質をもち、ウジを産みつける（産仔）。したがって、火災が鎮火してまもなく、抱卵雌成虫が現場の捜査官よりも早く死体を発見し、産仔したと考えられる。また、個体数が少ない理由は、抱卵雌成虫がゆっくりと落ち着いて産仔したものではないことを裏づけている。

産仔直後のウジの体長は三ミリ未満とごく小型であり、個体数が少なければ、死体が発見され、現場から搬出されるまでに、まず気づかれることはない。このウジが解剖時までに一〇ミリ程度に成長したと考えると、この経過は合理的に説明できる。

以上のような仮説を説明し、「凶悪事件」の可能性は低いことを伝えると、解剖室は束の間、安堵した雰囲気につつまれる。

ただし、死因が明らかにならないうちは完全に他殺を否定はできないので、もう一度気を引き締めて解剖に臨む。死体の焼損が激しいため、死因を断定することは難しいが、捜査情報、死体所見を総合的に考慮すると「凶悪事件」の可能性は否定された。鑑定人の「終わります」という宣言に合わせ全員で短い黙禱をし、解剖終了となる。

第3章 死体菜園 body garden

岩手でブタ死体の屋外留置実験をする

アメリカには、通称「死体農場 body farm」と呼ばれる研究施設が複数存在する。敷地周囲を高い壁や鉄条網などで覆った隔離区域とし、そのなかで、ヒト死体をさまざまな環境におき、腐敗分解過程についての研究が行われている。そこには法昆虫学をはじめ、死体を食糧として利用する生物の影響についての研究も含まれる。

現在、死体農場についてはアメリカの独壇場であり、献体制度（自らの死後、死体を教育・研究用として提供する契約）もあるようである。アメリカ以外の国ではオーストラリアで二〇一六年に、ようやくヒト死体を使用し、実験を実施したという報告をみつけたが、それ以外の国ではいまだ実現できていないようである。

当然、日本でもさまざまな制約があるために、ヒト死体を用いた実験はできない。そこで、代替として、着衣ブタ死体の屋外留置実験を行うために、岩手医科大学の敷地を使用させていただけないかお願いをした。この実験を始めるにあたって周囲の理解を得るまでの過程が、なかなか大変だったのである。

ここまでヒト死体の腐敗臭気の苛烈さを強調してきたにもかかわらず、意外に思われるかもしれないが、アパートなどの集合住宅の一室や、住宅密集地にある一軒家で腐乱死体が発見される契機となるのは、死体が発する腐敗臭気ではなく、窓一面にびっしりと群がるハエの成虫であったり、多数のウジが玄関の扉の隙間から這い出てきたりといった視覚の情報であることがめずらしくない。まさに「虫の知らせ」である（いや、意味が違いますから……虫の知らせの意味は「悪いことが起こりそうな予感」である）。

ヒトの嗅覚は視覚の影響も大きいと思われ、臭気の源があると認識しているからこそ「臭い」のである。屋外で常に換気されている状態であると腐敗臭気も霧散するので、その影響が及ぶ（腐敗臭気が気になる）範囲はブタ死体を中心にせいぜい半径数メートルである。法医学実務に携わった経験がある方々にとっては、ある意味「常識」なのだが、経験がないと、想像ばかりが膨らみ、妄想といえるまでに成長しうる。共通認識がない相手の誤解を打破することが、実験開始のための最難関事項であった。

そこで、「世界各国で、ブタ死体を用いて同様の実験を実施している報告がある」「大学敷地が広いので、腐敗臭気は気にならない」「視覚を遮蔽するような構造物を設け、ブタ死体を直接目視できないよう配慮する」「『立入禁止』を表示し、いたずらに第三者が近寄らないような対策を講じる」「もしも何かしら問題が生じたときには、直ちに実験を中止する」「大学として『許可』することは難しいかもしれないので、『承知』しておいてほしい」と、「ただ勢いにまかせて（実験を）やってしまえ」というのではなく、「さまざまな状況を想定し、対策を講じるので、どうしても実験させてほしい」と訴えた。

その結果、学内の多くの方々にご支援いただき、ようやく敷地をつかわせていただけることになった。

しかし、いくら広い敷地があるとはいえ、「死体農場」規模の面積は準備できない（元祖 body farm の敷地は約一エーカー〈おおよそサッカーグラウンド一面分に相当する面積〉だったそうである）。敷地のなかでも、住宅から数十メートル以上の距離があり、あまり目立たない（第三者の往来が少ない）場所を選定し、購入した四メートルと二メートルの金属製パイプなどで柵の枠を組み上げ、枠にメッシュ状の防音シートを結《ゆ》わえつけた。いかんせん、実験を許可されているわけではないので、他者に協力をお願いできない。しかたなく、一人で慣れない肉体労働（ＤＩＹ）により建造した、視覚を遮蔽する高さ二

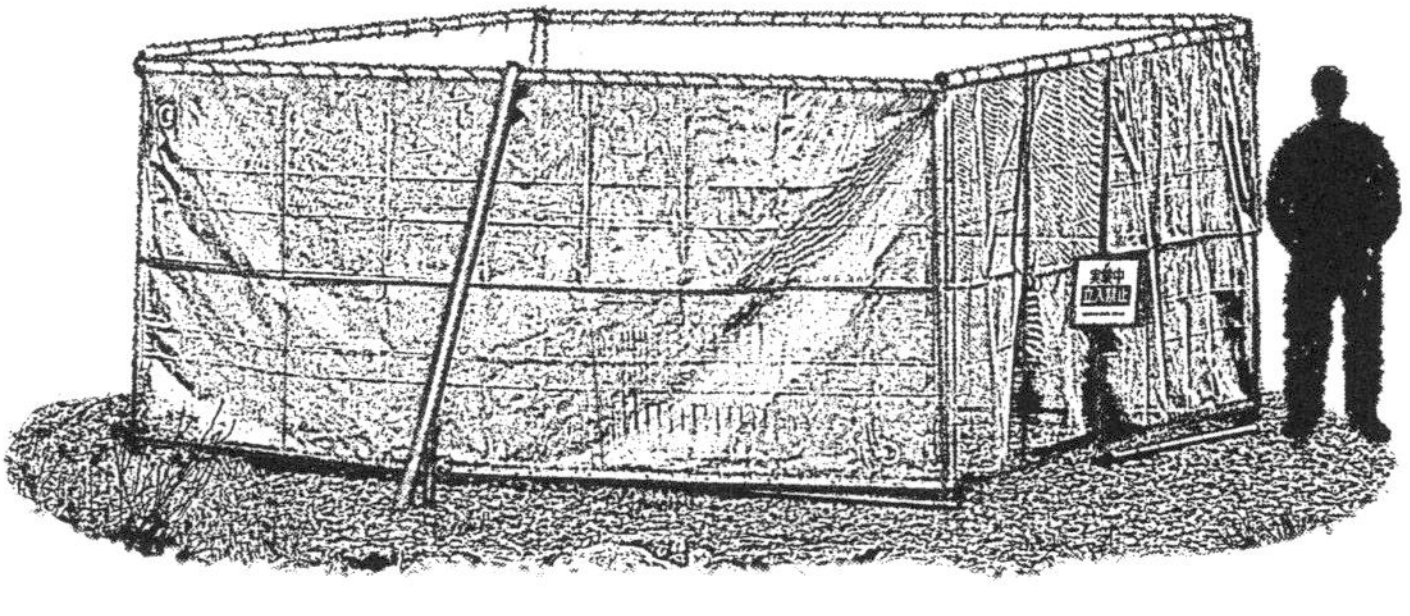

死体菜園の外観

メートルの柵状構造の内部約一六平方メートルの狭い区域をブタ死体留置実験場として、「死体菜園 body garden」とつつましい（?・）呼称をつけた。

現在の死体菜園は第三世代であり、Google Map の鳥瞰写真で菜園全景を確認できる。いかんせん、約一六平方メートルのごく狭い区域であるので、私くらいしか気づかないのだが……。

昆虫たちが教えてくれること

さて、始める前に若干息切れした感がみられた死体菜園実験計画《プロジェクト》ではあるが、そこまで労力をかけて、死体菜園でブタ死体の屋外留置実験を実施し、知りたかったこととは何か。

死体の第一発見者となるのはどの昆虫か？

ブタ死体屋外留置後、どのくらいで第一入植が起こるか？

どのような昆虫が死体に入植するのか？

死体に入植する昆虫種に季節による違いはあるか？

軟部組織が昆虫に食べつくされる（残骨期に至る）まで、どのくらい時間がかかるか？などである。

そこで、安楽死処置した食肉用仔ブタに乳幼児用の衣服を着せ、径約三〇ミリの金属製メッシュで被覆した大型犬用のケージ内に留置し、経時的に写真撮影・観察と適宜昆虫採集を行った……と、「言うは易《やす》く行うは難《かた》し」である。

当初、国立天文台暦計算室ウェブサイト（http://eco.mtk.nao.ac.jp/koyomi/）で調べた、盛岡市の毎日の日の出・日の入時刻を一日の明暗の転換点と想定し、死体菜園でブタ死体を観察することにした。

「日の出」とは地（水）平線から太陽の上端が昇ること、「日の入」は地（水）平線に太陽の上端が沈むことであるが、日の出時刻・日の入時刻とも、充分に明るいことに困惑してしまった。しかし、この違和感の原因はすぐに判明した。「日の出」の約三〇分前が「夜明」で、夜明から徐々に明るくなり、日の入後、約三〇分を要して「日暮」を迎えることがわかった。つまり、明暗の転換点を誤って認識していたのである。

そこで、毎日の「夜明」「日の出」「日の入」「日暮」の四時刻を把握し、明暗の移行期である「夜明から日の出」「日の入から日暮」の各約三〇分間は、可能な限り死体菜園に滞在し、ブタ死体を観察することにした。

日中（日の出から日の入まで）は二時間ごと（六時、八時、一〇時、……）に、夜間（日暮後から翌日の夜明まで）のあいだに一度、時間を定めず（ただし「日暮」時刻から一時間以上経過後の任意の時刻）、死体菜園を訪問する機会を設定した。

また、市街地に「死角」はあるものの、日常生活を送っている環境で、明るい時間帯に人間が倒れていれば、すぐに気づかれるであろうし、殺人・死体遺棄の犯人ならば、死体遺棄は人目につかない夜間に実行するであろうと考えたので、「日の入」以降にブタ死体の留置を開始することにした。

温暖期の実験であれば、屋外留置の期間は一か月程度で充分であると想定していたが、夏至のころだと、夜明から日暮までの明期が約一六時間となるので、毎日四時前に出勤し、二〇時以降まで帰宅できないということである。

しかも、当然ながら、昆虫たちは人間の都合などおかまいなしに活動するので、観察者が昆虫の都合に合わせなければならない。大きな音や動作により、昆虫は離散してしまうので、死体菜園に近づく際や死体菜園内では、息をひそめ、静かにゆっくりと移動する。

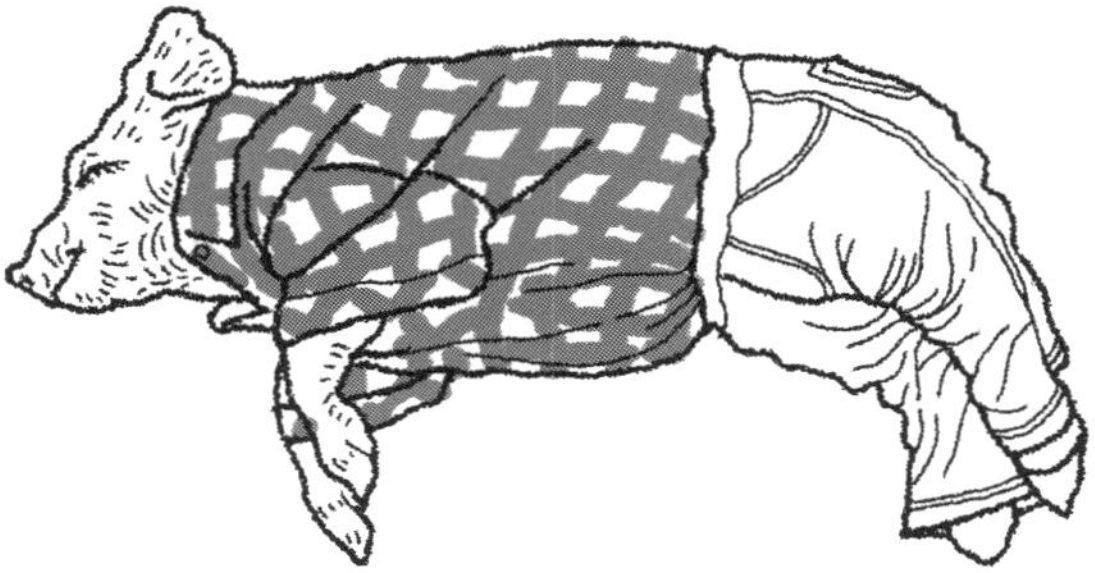

死体菜園においたブタ死体

7日後（夏期）
頭部など露出部は残骨期、その他の部位も乾燥期に達している（p.83参照）

ブタ死体から昆虫を採集する際にも、昆虫の離散を防ぐため、ブタ死体を移動させず、接触も最小限にとどめた。さらに、実験期間中は休日返上である。

岩手県、特に内陸部は冬期に積雪があり、屋外で昆虫の活動はほぼみられない。法昆虫学者としては「休業」期間と思われがちであるが、その認識に大きな誤りはない。しかし、「昆虫が活動しない期間」、視点を変えると、いつごろ（どのような条件〈気温・日長など〉で）活動を休止し、どこでどのように（どの成長段階で）越冬し、いつごろ活動を再開するのかを、より正確に把握することは、法昆虫学的な情報として有用といえる。

まずは、温暖期の後、いつごろまで昆虫が活動しているかを把握するため、晩秋にブタ死体の屋外留置実験を実施することにした。晩秋・早春のような温暖期と寒冷期の移行期（寒暖境界期）は、明期の時間が短いため、毎日の死体菜園の来訪回数は温暖期に比べて少ないものの、腐敗分解の進行が遅くなるため、屋外留置開始から一か月経過しても、二〇キログラム未満の仔ブタの死体であっても残骨期に達することはなかった。長期積雪（根雪）となり、観察不能とならないうちに約五〇日で実験を終了した。留置終了時のブタ死体の腐敗段階は腐朽期であった。

続いて、寒冷期の後、いつごろから昆虫が活動を再開するかを把握するため、早春からブタ死体の屋外留置実験を実施した。こちらも約五〇日で終了したが、腐敗段階は腐朽期であった。

晩秋／早春の共通点はあげられたものの、相違点は判然としなかった。ふと、「晩秋あるいは冬期に亡くなったヒトが、翌春発見された場合の死体の腐敗段階は？」という疑問が生じ、晩秋から翌春までという長期のブタ死体留置実験を実施することにした。ブタ死体が雪に埋もれて観察できない時期には、毎日の観察回数を減らしたものの、毎日一回は死体菜園を訪ね、様子をみることにした。結果、一九〇日（約半年）留置したブタ死体の腐敗段階も腐朽期であった。

これらの結果は、早春に発見された死体が、いつ亡くなったのか？という鑑別が困難であることを意味する。寒暖境界期における死後経過時間の推定精度向上を目標として実験したものの、逆に、推定が困難で、一筋縄には解決できないという現実をつきつけられてしまった。

季節を問わず、毎日死体菜園を訪れては観察するという行為を反復する……死体菜園の運営者《ガーデナー》は、「世捨て人」となって、修行しているようなものである。「労働基準法違反ではないか？」と騒がないでいただきたい。世を捨て、ヒトであることも捨てて修行しないと、辿り着けない境地もあるのだ。

しかし、「死体菜園での修行の成果」として得られたものは、それなりにある。

ハワイおよびインドの熱帯域では、夜間にクロバエ科の産卵やニクバエ科の産仔がみられることがあるという報告があるものの、一般に、クロバエ科・ニクバエ科といった早期入植する双翅目は明るい時間帯に活動する昼行性の昆虫であり、夜間は活動しないとされている。死体菜園においても、夜間の入植はこれまでの私の観察中には一度もみられていない。現在の死体菜園（第三世代）は近くに屋外電灯があるので、夜間に懐中電灯を持たなくても、ブタ死体の概観は観察可能な程度の明るさはある。しかし、早期入植双翅目の夜間の飛来や入植は観察されていない。

これらのことから、「法昆虫学による死後経過時間の推定の原則として、早期入植する双翅目の夜間入植は考慮しなくてもよい」ということはいえる。夜間入植を否定できない場合は、夜間であるにもかかわらず入植が可能であった要因（例えば、昼夜問わず充分な明るさと温度の屋内など）があると思われる。

各季節による死体昆虫相の類似点・相違点も明らかになってきた。

温暖期の場合、第一入植種はヒロズキンバエであり、ほぼ同時にホホグロオビキンバエが飛来・産卵する。温暖期は気温が高いため、ブタ死体の腐敗進行も速く、留置開始から二四時間以上経過すると、皮膚の色が赤褐色あるいは緑褐色となり、眼球や舌が突出し、全身が腐敗ガスで膨隆する。その後、腐朽期を経て、乾燥期へと遷移する。ブタ死体の体重にもよるが、二〇キログラム未満ならば、岩手県内陸でも、残骨期に達するまでに二週間もあれば充分である。

晩秋・早春など温暖期と寒冷期の移行期（寒暖境界期）は気温が低く、ブタ死体の腐敗分解はゆるやかに進行するため、顕著な膨隆期はみられず、乾燥が進行する。オオクロバエ *Calliphora lata*、ホホアカクロバエ *C. vicina*、ケブカクロバエ *Aldrichina grahami*、フタオクロバエ *Triceratophyga caliphoroides* などが第一入植種の候補である。これらの大型・中型のクロバエ以外の昆虫はほとんどみられず、特に鞘翅《しょうし》目は種数・個体数ともきわめて少ない。

寒暖境界期に活動するクロバエのウジは、低温対策のためか死体内部に潜行する傾向があり観察が難しいこと、成長もゆっくりと遅いことから、死後経過時間推定の指標とするには体長の計測のみでは不充分であることなど、解決すべき課題が残っている。

第4章

法昆虫学をつかう……岩手県警察とのコラボレーション

私は「法昆虫学者」を名乗っているが、資格認定試験に合格したわけでもなく、認定団体から証書を発行されているわけでもない。あくまで「自称」である。法昆虫学者の教育養成機関がないので、独学で試行錯誤しながら現在に至る。

私が法昆虫学を仕事として始めたころ、岩手県警察には、「技術職員が解剖中に何やら『おかしなこと』を始めた」、それでも「法医解剖のじゃまはしていないし、自分たちには関係ない」という認識で許容されていたのではないかと思う。

しかし、解剖前に執刀医から聞いていた情報と異なり、死体上のウジの個体数がきわめて少ないことを尋ねると、「(死体発見)現場と警察署でほとんど取り除いてきました」といわれ、困惑してしまったこともあるし、瀕死のウジが多数を占めることを疑問に思っていると、「警察署での検視の際に、たっぷりと『ウジ殺し』(殺虫剤)を撒いておきました」といわれて肩を落としたこともある。

これでは埒《らち》が明かないので、法医解剖中に「(解剖している)死体についている昆虫」についての簡単な情報と、そのような「昆虫学的な証拠から何がわかるのか」ということを立会いの警察官に向けて解説することにした。法昆虫学を実用的なものにするには、岩手県警察の協力なくして、絶対に成功しない。まずは法昆虫学の有用性を周知しなくてはと考えた。

とある晩夏、法医解剖中の解剖室に、大型のハエ成虫が侵入してきた。解剖室に備えつけていた捕虫網でそのハエを捕獲し観察すると、複眼以外は、ほぼ全身が無彩色で、胸部・腹部は灰色《グレー》を基調として、胸部背側の楯板《じゅんばん》から小楯板にわたって三本の黒色の縦線が走行している雌であることが確認できた。捕獲したハエをブタ肉片とともに小型の透明容器に入れ、私の近くにいる数名の警察官に声をかける。

「このハエは、おそらく（解剖中の）死体の発する腐敗臭に誘引されて解剖室内に侵入してきた、『ニクバエ』という種類のハエです。これは雌成虫ですので、少し静かにして観察してみてください」

まもなく容器内で起きた変化を確認し、意識して声の音量を下げる。

「ニクバエは卵胎生といって、卵ではなくウジを産み落とす産仔をします。つまり、ニクバエには『産卵から孵化までにかかる期間がない』ことになります。ニクバエもヒト死体に産仔するので、死後経過時間を推定する際に、ニクバエのウジであることを鑑別することは重要です。これを誤ると、最大二四時間程度の誤差が生じてしまいます」と説明する。

実際の産仔行動をみながらの説明だと説得力が違う。好機があれば極力このような「実演」もしてきた。しかし、実地演習講義といえば聞こえはいいものの、一度の機会に一〇分程度で、聴講する警察官も数名であった。

岩手県警察にはお世話になっており、少しでも成果還元になればという思いから、地味に細々とではあるが継続的に実施してきたことで、予想もしていなかった効果が表われた。本部検視官室（所属名は現在のもの）に所属し、解剖に立ち会っていた警察官が指導的な立場になり、県内の各警察署に異動する。そこで自らの経験や知識を部下に伝え、部下だった警察官が経験を積んだのち、本部の検視官室に異動になるという人材の循環と知識の伝達が生じたのである。

このようにして、徐々に法昆虫学の有用性が認知され、浸透しつつある。

死体の移動により、昆虫が離散することから、死体発見現場で昆虫を採集することが理想的であるが、現在では、岩手県の法昆虫学事例のほぼすべてで、死体発見現場で警察官が昆虫学的証拠を採集してきてくれるまでになった。

実際、解剖時に死体から採集されない昆虫や成長段階の個体がみられることもあり、法医解剖時に死体から採集された昆虫のみの場合と、現場で採集された昆虫学的証拠を考慮した場合で、推定される死後経過時間が異なる例もある。死体発見現場に臨場した警察官に、昆虫採集という仕事を一つ増やしてしまっているが、余計な仕事とは考えず、むしろ有用な証拠の一つを採取しているという認識なのであろう（「そうであってほしい」という私の希望的観測）。

また、昆虫学的証拠をみる目も養われている。昆虫に蚕食されている死体の法医解剖と、私の担当する講義・実習の時間が重なってしまった場合、「生物の先生」という肩書で給料をもらっている以上、講義・実習を優先せざるを得ない。そうして私が解剖に立ち会えない場合も、技術職員と警察官とが協力して昆虫を採集し、研究室に届けてくれている。なかには「よくみつけたものだ」と思わず感心してしまうような小型の昆虫がみられることもある。

私はあまり大きなことをいうのは好きではないし、まだ解決すべき課題や改善の余地はあるものの、日本の警察組織のなかで、もっとも法昆虫学の有用性を理解し、全国に先駆け、実務導入にまでこぎつけているのは現在のところ岩手県警察のみである。

現在、岩手県警察本部の検視官室では、各警察署でウジを殺虫する際は、熱湯を使用するように指導しているそうである。はじめは、私が殺虫用の熱湯を小型の水筒で解剖室に持参していたのだが、しばらくすると、法医解剖室に電気ケトルとポットが常設されるようになった。そうして、法医解剖室で熱湯による殺虫の効果を目の当たりにした警察官が、各警察署に伝達してくださっているようである。岩手県警察では熱湯殺虫法を推奨していることを知り、些細なことではあるものの、私の推奨している方法が浸透していることがとても嬉しく思えた。

法昆虫学の有用性が認知され、全国的に実務導入されるには、まだ基礎的な知見も不足しており、時間を要する。私が定年するまで研究を継続しても、全国に普及させることは難しいと思う。私が辞めた時点で途絶えてしまうかもしれない。

ただ、「どうせわかってもらえない」と悲観しているわけではなく、法昆虫学による死後経過時間の推定が不要な社会こそ理想的だと思っているのである。……「かつて日本でも、死後経過時間の推定に法昆虫学的な手法が用いられていたことがあり、世界にはまだ、法昆虫学に頼っている国もある。だが、今はもっと簡単で信頼性や精度の高い別の方法が採用されている。そもそも、昆虫に食べられるまで死体がみつからない（死体発見までに長い時間がかかる）なんて、考えられない」という社会の方が、法昆虫学の需要が多い社会より望ましいことは明らかである。

法昆虫学がいずれ不要となることを願いつつも、不要になるまでは、推定精度の向上をめざして、死体の発見者である昆虫の証言を間違うことなく聴けるように、試行錯誤を続けていくつもりである。

参考文献

Catts and Haskell (1990) Entomology & death : A procedural guide. Joyce's Print Shop, Inc.

Byrd and Castner (2009) Forensic entomology : The utility of arthropods in legal investigations 2nd ed. CRC Press

Gennard (2007) Forensic entomology : An introduction. Wiley

Greenberg and Kunich (2002) Entomology and the law : Flies as forensic indicators. Cambridge University Press

Krinsky (2009) Forensic entomology. In: Mullen and Durden eds. Medical and veterinary entomology 2nd ed. Academic Press

Goff (2001) A fly for the prosecution: How insect evidence helps solve crimes. Harvard University Press

Francesconi and Lupi (2012) Myiasis. Clinical Microbiology Reviews 25: 79-105.

宋 慈著　徳田 隆訳　西丸與一監修（一九九九）中国人の死体観察学――『洗冤集録』の世界　雄山閣出版

岩手県立博物館編（二〇〇六）岩手県立博物館第55回企画展「生と死と～死を見つめ、生と向き合う～」

岩手県文化振興事業団
山本聡美・西山美香編（二〇〇九）九相図資料集成――死体の美術と文学　岩田書院
篠永 哲・嵩 洪編著（二〇〇一）ハエ学――多様な生活と謎を探る　東海大学出版会
梅谷献二（二〇〇四）虫を食べる文化誌　創森社
岡田 匡（二〇一三）糖尿病とウジ虫治療――マゴットセラピーとは何か　岩波書店
フライシュマン＋グラスベルガー＋シャーマン著　沼田英治＋三井秀也訳（二〇〇六）マゴットセラピー――ウジを使った創傷治療　大阪公立大学共同出版会
バス＋ジェファーソン著　相原真理子訳（二〇〇五）実録 死体農場　小学館

あとがき

私は「中途半端な人間」というのが偽《いつわ》らざる自己評価である。もともと、昆虫を研究対象としていたわけではないし、小学生のころ、人並みにクワガタムシなどを採集した経験はあるが、昆虫採集が趣味というわけでもない。医師ではないので、法医解剖を執刀できないし、警察官ではないので、死体発見現場に臨場することもない。生物の先生として評価が高いわけでもない。

最近、日本の法昆虫学の第一人者だとか、先駆者だとか、もち上げられることがあり、困惑している。法昆虫学を自分の「仕事」として始めた後に、私より以前にも日本で法昆虫学的な研究がなされていたことを知った。ただし、継続的な研究ではなかったり、法医学や捜査実務への導入に至っていないという印象を受けていた。したがって、確かにある意味、先駆者なのかもしれないが、数多のライバルと熾烈な競争をしてきたわけではなく、一人でフラフラと彷徨《さまよ》い歩いているだけである。ただ、どんなに遅い歩みであろうとも、たちどまったり、やめたりせずに続けてきた結果、今の位置にいるというところだろうか。しかし、いかんせん一人で彷徨っているだけなので、果たして現在地が適切な位置なのか否か正直わからない。進むべき方向を間違えているかもしれないし、進んでいるつもりで同じ場所でただ足踏みしているだけかもしれない。これでは法昆虫学者ではなく、阿呆昆虫学者と揶揄されてもしかたがない。

　法昆虫学を仕事として始めたころは、すぐに私より優秀な法昆虫学者が現れるだろうと思っており、自分は身のまわり（つまり、現在住んでいる岩手県）のことをしていれば、それで充分と考えていた。今でも「日本の法昆虫学の第一人者」というのは過大評価で私には荷が重すぎる。どんなに頑張っても「東北（地方）の法昆虫学者」がせいぜいで、「岩手の法昆虫学者」が身の丈に合った正当な評価であろう。「日本在住の」とか「日本人の」法昆虫学者というならば、間違ってはいないのだけれど……。

　名古屋市立大学大学院医学研究科医学教育・社会医学講座法医学分野・青木康博教授は、私が法昆虫学という研究分野に携わるきっかけを与えてくださった恩人であり、死体菜園創設（というのは大げさだが）の際、その後の研究活動、そして現在も多大なるご支援をいただいている。

青木先生が名古屋市立大学へ異動された後に着任された、岩手医科大学法科学講座法医学分野・出羽厚二教授も、法昆虫学に理解を示してくださり、変わらぬご支援をいただいている。同じ大学内とはいえ所属の異なる私が、法昆虫学の研究を継続できるのは出羽先生のご配慮によるところが大きい。また、法医解剖の執刀医である高宮正隆講師をはじめとする教職員の方々、そして、実務面で継続的にご協力いただいている岩手県警察本部刑事部捜査第一課、鑑識課、科学捜査研究所、各警察署の皆様に深謝申し上げる。

世界的にも数少ない法昆虫学者であるが、そのほとんどが捜査機関より時折送られてくる昆虫学的証拠のみを分析する「死体や現場を知らない」法昆虫学者である。私が分不相応と思いながらも法昆虫学者を名乗っている根拠は、「法医解剖に立ち会い、自らの手で死体から昆虫学的証拠を採集する法昆虫学者」であるという点につきる。解決すべき課題はまだ山積している一方、なかなか思うように成果を上げられないでいるが、皆様に恩返しできるよう、これまで同様、法昆虫学を仕事としていく所存である。

築地書館の橋本ひとみさんには、法昆虫学という分野に興味をもち、本書の執筆をご依頼くださったことに感謝申し上げる。「一般の方を対象に、法昆虫学という分野を紹介する内容の書籍の執筆を」という依頼であったが、ほかに紹介できる適任者も思いあたらず、受諾することにした。

これまで自分が書籍を執筆することになるなど想像もしなかったが、いざ文章を書きはじめると、まったく筆が進まないままただ時間ばかりが過ぎていった。自分の知識不足と、自分がいかに特殊な（一般の方のみならず、警察・法医学などの関連分野に従事している方々にも、あまり知られていない）分野に携わっているかということを思い知らされた。

この「あとがき」を書いている時点でも、本当に出版に至るのかはなはだ不安であるが、途中、何度もくじけた（「くじけそうになった」ではない）私を励まし、何とか書籍《もの》になるようご尽力いただいた。

末筆ながら、本書を手に取っていただいた皆さまと私が決して法医解剖室でお会いすることのないよう、皆さまのご多幸を祈念しています。

二〇一八年四月

三枝　聖

二刷にあたって

准教授に昇任して一一カ月経過した二〇二二年二月末日、築地書館の橋本ひとみさんから、拙著の増刷が決まったとのメールをいただいた。多くの方に購入していただいた結果であり、この場を借りて感謝申し上げる。

この二年あまり、世界的なコロナ禍により、日常生活が大きく変わった。海外のみならず国内旅行も制限されることが常態化している。記憶している限り、私の岩手県外への外出は、二〇二〇年二月二九日にフジテレビの番組に出演依頼を受け、収録に参加するために東京に出かけたのが最後である。県内に軟禁状態であるが、法昆虫学実務に関しては進展しているという実感がある。岩手県警からの協力は発展的に継続しているし、年一回、警察学校で講義をする機会をいただいた。他自治体からの相談もわずかながら増えた。有用性が認知されるのはよいことであるが、死者がいる事実が契機となり、法昆虫学者の仕事があることを忘れてはならない……と、真面目に語ってみたものの、これからも「冷徹な変人」として法昆虫学の実務・研究に携わっていく所存である。

二〇二二年三月七日

三枝　聖

著者紹介

三枝　聖（さいぐさ　きよし）

1971年　埼玉県生まれ。
就学前より高等学校卒業まで、北海道で過ごす。
1996年　弘前大学大学院理学研究科生物学専攻修了。修士（理学）
1997年　岩手医科大学医学部法医学講座技術員
2005年　博士（医学）取得（岩手医科大学）
2005年　岩手医科大学教養部生物学科講師
改組にともない、岩手医科大学共通教育センター生物学科講師を経て、岩手医科大学教養教育センター生物学科講師。
2021年　同准教授
21世紀初頭に、必要に迫られて岩手県における法昆虫学の研究に着手し、細々と継続して現在に至る。
現在の課題は、春期に発見された死体の法昆虫学的な死亡時期の鑑別と、寒暖境界期の法昆虫学的な死後経過時間の推定精度の向上である。
*ALDH2*2/ALDH2*2*のため、飲酒適性なし。

虫から死亡推定時刻はわかるのか？
法昆虫学の話

2018年7月30日　初版発行
2022年3月30日　2刷発行

著　者　三枝　聖
発行者　土井二郎
発行所　築地書館株式会社
〒104-0045 東京都中央区築地7-4-4-201
TEL.03-3542-3731　FAX.03-3541-5799
http://www.tsukiji-shokan.co.jp/
振替00110-5-19057
印刷・製本　中央精版印刷株式会社
デザイン・イラスト　秋山香代子

　ISBN978-4-8067-1563-4